【本書によせて】

みなさんはきれいな石や面白い石を持っていますか？　お気に入りの石をコレクションするのは楽しいですね。でも、鉱物は集めること以外にも、楽しみ方がたくさんあります。まずは、光にかざしてみましょう。鉱物の中にあるクラックで、にじがおどったり、それまで見えなかった色がうかび上がってくるかも!?　また、液に浸(ひた)したり、加熱してみたりすると、びっくりするようなことが起るかもしれません。そんな実験をするにはまず、鉱物の性質をよく知ることが大切です。むやみに熱すると有毒ガスが発生したり、割れてはじけ飛ぶものもあります。水に浸(ひた)すと溶(と)けてなくなってしまう鉱物だってあります。

この本では、比かく的手に入りやすい鉱物の性質を確認したり、観察する方法を解説しています。さらに、スリル満点の蛍光(けいこう)実験や、心がいやされる楽器作りなど、図鑑(ずかん)のわくをこえて、鉱物を楽しむアイデアが盛りだくさん！

さぁ、ページをめくって、不思議な鉱物の世界へと冒険(ぼうけん)を始めましょう！

さとう　かよこ

世界一楽しい
遊べる鉱物図鑑

プレミアム
カバーがポスターに大変身!!
楽しい きれい 面白い 元素周期表

もくじ ……2
この本の使い方 …… 4
「実験・遊ぶ」ときの注意!! …… 6

鉱物って何? …… 8
鉱物ができる場所 …… 10
鉱物の特ちょう …… 12
- 結晶の外形 …… 12
- 硬度 …… 13
- 劈開 …… 13
- 比重 …… 13
- 色や形 …… 14
- 結晶系 …… 15
- 磁性 …… 15

鉱山探検 …… 16
鉱物観察 …… 18
日本の鉱物産地 …… 20

鉱物の成分と分類 …… 22

宝石鉱物 …… 24
- 曹灰長石/ラブラドライト …… 24
- 日長石/サンストーン …… 24
- 緑柱石/ベリル …… 25
- 灰礬石榴石/グロッシュラー …… 25
- 水晶(石英)/クオーツ …… 26
- 玉髄(瑪瑙)/カルセドニー …… 28
- 天青石/セレスタイト …… 29
- カーレトン石/カーレトナイト …… 29
- 藍方石/アウイナイト …… 29
- 鋼玉/コランダム …… 30
- 尖晶石/スピネル …… 30
- 藍晶石/カイヤナイト …… 31
- 翠銅鉱/ダイオプテーズ …… 31
- トルコ石/ターコイズ …… 31
- 黄玉/トパーズ …… 32
- リチア電気石/エルバイト …… 32
- 灰電気石/ウバイト …… 32
- 蛋白石/オパール …… 33
- 金剛石/ダイヤモンド …… 33
- 燐灰石/アパタイト …… 33

鉱石鉱物 …… 34
- ブロシャン銅鉱/ブロシャンタイト …… 34
- 孔雀石/マラカイト …… 34
- 藍銅鉱/アズライト …… 35
- 岩塩/ハーライト …… 35
- 蛍石/フローライト …… 36
- 赤鉄鉱/ヘマタイト …… 38
- バナジン鉛鉱/バナジナイト …… 38
- 黄鉄鉱/パイライト …… 38
- 方鉛鉱/ガレナ …… 38
- 白鉛鉱/セルサイト …… 39
- チタン鉄鉱/イルメナイト …… 39
- 紅亜鉛鉱/ジンカイト …… 39
- 磁鉄鉱/マグネタイト …… 39
- 石膏/ギプス …… 40
- 重晶石/バライト …… 41
- 錫石/キャシテライト …… 41
- 自然蒼鉛/ネイティブビスマス …… 42
- 辰砂/シナバー …… 42
- 自然水銀/ネイティブマーキュリー …… 42
- 異極鉱/ヘミモルファイト …… 43
- 自然金/ネイティブゴールド …… 43
- 菱マンガン鉱/ロードクロサイト …… 43
- 自然硫黄/ネイティブサルファー …… 44
- 滑石/タルク …… 44
- 胆礬/カルカンサイト …… 44

そのほかの鉱物 …… 45
- 白雲母/モスコバイト …… 45
- リチア雲母/レピドライト …… 45
- 金雲母/フロゴパイト …… 45
- 星型白雲母/スターマイカ …… 45
- 輝沸石/ヒューランダイト …… 46
- 南極石/アンタークティサイト …… 46
- 弗素魚眼石/アポフィライト …… 46
- 束沸石/スチルバイト …… 46
- 苦土毛礬/ピッケリンジャイト …… 47
- オーケン石/オーケナイト …… 47
- ホーランド鉱/ホーランダイト …… 47
- 方解石/カルサイト …… 47
- 銀星石/ワーベライト …… 48
- ルドジバ石/ルドジバイト …… 48
- アホー石/アジョイト …… 48
- ローザ石/ローザサイト …… 48
- シャタック石/シャッタカイト …… 49

方硼石／ボラサイト ………………… 49
ペンタゴン石／ペンタゴナイト ……… 49
カバンシ石／カバンサイト …………… 49
玄能石／グレンドン石（イカ石仮晶） … 50
アルチニー石／アルチナイト ………… 50
石黄／オーピメント ………………… 50
カリビブ石／カリビバイト………………… 51
レグランド石／レグランダイト………… 51
毒重石／ウィゼライト ……………… 51
トランキリティー石／トランキリタイト … 51

準鉱物 ……………………………… 52

琥珀／アンバー ……………………… 52
黒曜石／オブシディアン …………… 52
珪華／シリシャスシンター ………… 52

Chapter 3
鉱物で実験しよう ……53

割る……………………………… 54

パッカーン実験 ……………………… 54
蛍石で八面体を作ってみよう！ …… 56
丸い鉱物の中をのぞいてみよう！ …… 57

浸す ……………………………… 58

スケスケ透明実験 …………………… 58
ぽこぽこポップコーン実験 ………… 59

磨く……………………………… 60

ツルツル★ピカピカ研磨実験 ………… 60

加熱する……………………………… 61

カラフル炎色反応実験 ………………… 61
きらめき発光実験 …………………… 62
ニョロニョロのび〜る実験 ………… 64

光を当てる………………………… 65

カラーチェンジ実験 ………………… 65
テネブレッセンス実験 ……………… 66

美しい「蛍光鉱物」図鑑… 68

蛍石／フローライト ………………… 68
ツグツプ石／ツグツパイト ………… 68
透石膏／セレナイト ………………… 69
玉滴石／ハイライト ………………… 69
ウェルネル石／ウェルネライト ……… 70
アンダーソン石／アンダーソナイト … 70
方ソーダ石／ソーダライト………… 70
岩塩／ハーライト ………………… 71
マンガン方解石／マンガン カルサイト… 71

作る……………………………… 72

ビスマス人工結晶実験 ……………… 72
ビフォスファマイト人工結晶実験 …… 74
ミョウバン人工結晶実験 …………… 76
塩で再結晶実験 ……………………… 78
砂糖でブロック結晶実験………………… 79
尿素でふわふわ雪結晶実験 ………… 80

美しい「人工結晶」図鑑 … 81

硫酸銅（Ⅱ）五水和物／
カッパー（Ⅱ）サルフェイト ペンタハイドレイト … 81
硫酸カリウム／ポタシウム サルフェイト… 82
リン酸カリウム／フォケナイト ……… 82
リン酸塩／フォスフェイト ………… 82
紅亜鉛鉱／ジンカイト ……………… 83
岩塩／ハーライト ………………… 83
人工結晶のはなし ………………… 84

Chapter 4
鉱物で遊ぼう ……85

サヌカイト石琴 ……………… 86
レインスティック……………… 88
鉱物テラリウム ……………… 89
空想鉱物のオブジェ ………… 90
スノードーム ………………… 91
鉱物アクセサリー …………… 92
標本箱 ……………………… 94
標本ネックレス……………… 96
ガラスドーム標本 …………… 96
錫豆皿 ……………………… 97
きらめき万華鏡 ……………… 100
鉱石ラジオ…………………… 102
鉱物レプリカ ……………… 106
鉱物ペーパークラフト ……… 107

【おまけ】
世界の鉱物産地 ……………… 108
用語解説 …………………… 110

文章中に出てくる〔*〕のついた言葉はP.110～111の「用語解説」をご参照ください。

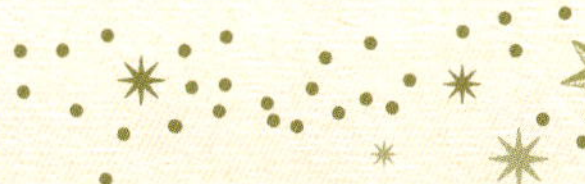

この本の使い方

本書では、鉱物のみりょくを「鉱物の特ちょう」「標本」「実験」「遊び方」の４章構成でしょうかいしています。各章ごとに見どころやポイントなどを分かりやすくまとめています。

「鉱物標本」ページの見方

「Chapter2　美しい鉱物の世界」では 125 点の標本を国際鉱物学連合〔*〕の規定に準じた分類でしょうかいしています。また、ミニ知識など石の基本データ以外の情報もじゅうじつしています。

▶グループ
鉱物を「宝石鉱物」「鉱石鉱物」「そのほかの鉱物」の３つに分類。

▶鉱物名
鉱物の名前。和名と英名の両ほうを記さい。

▶特ちょう
結晶や色など注目したいこと。また、鉱物名の由来など。

▶データ
化学組成式、劈開、モース硬度、色、条痕、比重。鉱物の基本的な性質。

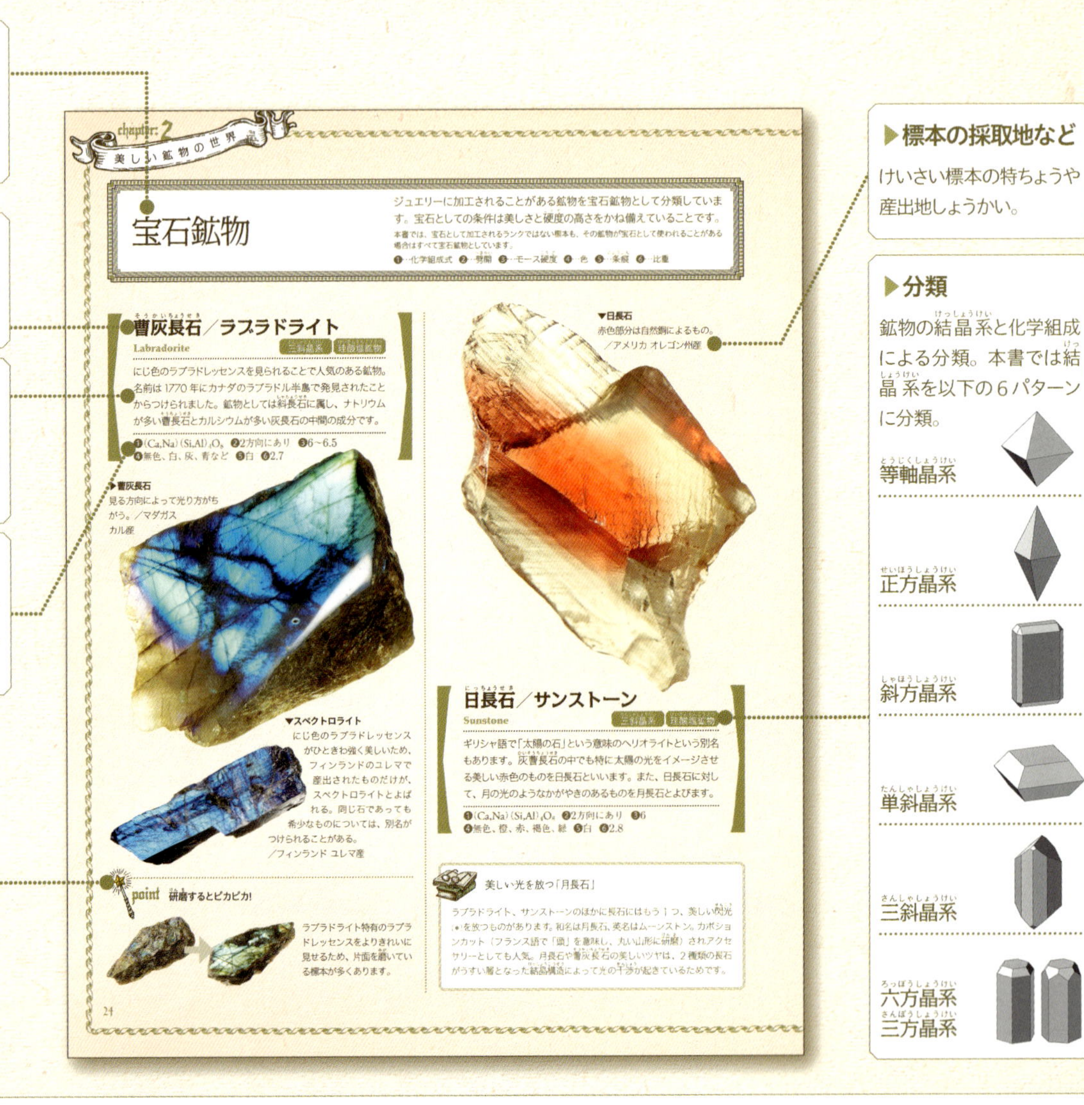

chapter: 2
美しい鉱物の世界

宝石鉱物

ジュエリーに加工されることがある鉱物を宝石鉱物として分類しています。宝石としての条件は美しさと硬度の高さをかね備えていることです。
本書では、宝石として加工されるランクではない標本も、その鉱物が宝石として使われることがある場合はすべて宝石鉱物としています。
❶…化学組成式 ❷…劈開 ❸…モース硬度 ❹…色 ❺…条痕 ❻…比重

曹灰長石／ラブラドライト
Labradorite
三斜晶系　珪酸塩鉱物
にじ色のラブラドレッセンスを見られることで人気のある鉱物。名前は 1770 年にカナダのラブラドル半島で発見されたことからつけられました。鉱物としては斜長石に属し、ナトリウムが多い曹長石とカルシウムが多い灰長石の中間の成分です。
❶$(Ca,Na)(Si,Al)_4O_8$ ❷2方向にあり ❸6～6.5
❹無色、白、灰、青など ❺白 ❻2.7

▶曹灰長石
見る方向によって光り方がちがう。／マダガスカル産

▼スペクトロライト
にじ色のラブラドレッセンスがひときわ強く美しいため、フィンランドのユレマで産出されたものだけが、スペクトロライトとよばれる。同じ石であっても希少なものについては、別名がつけられることがある。
／フィンランド ユレマ産

point 研磨するとピカピカ!
ラブラドライト特有のラブラドレッセンスをよりきれいに見せるため、片面を磨いている標本が多くあります。

▼日長石
赤色部分は自然銅によるもの。
／アメリカ オレゴン州産

日長石／サンストーン
Sunstone
三斜晶系　珪酸塩鉱物
ギリシャ語で「太陽の石」という意味のヘリオライトという別名もあります。灰曹長石の中でも特に太陽の光をイメージさせる美しい赤色のものを日長石といいます。また、日長石に対して、月の光のようなかがやきのあるものを月長石とよびます。
❶$(Ca,Na)(Si,Al)_4O_8$ ❷2方向にあり ❸6
❹無色、橙、赤、褐色、緑 ❺白 ❻2.8

美しい光を放つ「月長石」
ラブラドライト、サンストーンのほかに長石にはもう１つ、美しい閃光(*)を放つものがあります。和名は月長石、英名はムーンストン。カボションカット（フランス語で「頭」を意味し、丸い山形に研磨）されアクセサリーとしても人気。月長石や曹灰長石の美しいツヤは、２種類の長石がうすい層となった結晶構造によって光の干渉が起きているためです。

24

▶標本の採取地など
けいさい標本の特ちょうや産出地しょうかい。

▶分類
鉱物の結晶系と化学組成による分類。本書では結晶系を以下の６パターンに分類。

等軸晶系
正方晶系
斜方晶系
単斜晶系
三斜晶系
六方晶系
三方晶系

▶マーク

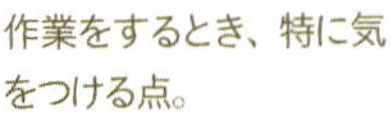

マーク	説明
ミニ知識	そのテーマにまつわる雑学。
考えよう	そのテーマのなぜ？ なに？を解説。
チャレンジ	そのテーマの応用。ステップアップを目指す。
ポイント	そのテーマの要点。
危険・注意	作業をするとき、特に気をつける点。
まとめ	実験の結果を、図などを使って分かりやすく説明。

「実験」・「遊び方」ページの見方

「Chapter3　鉱物で実験しよう」「Chapter4　鉱物で遊ぼう」ではどちらも目的や手順（または作り方）を分かりやすく、ていねいに解説しています。自由研究のサンプルとしても最適です。

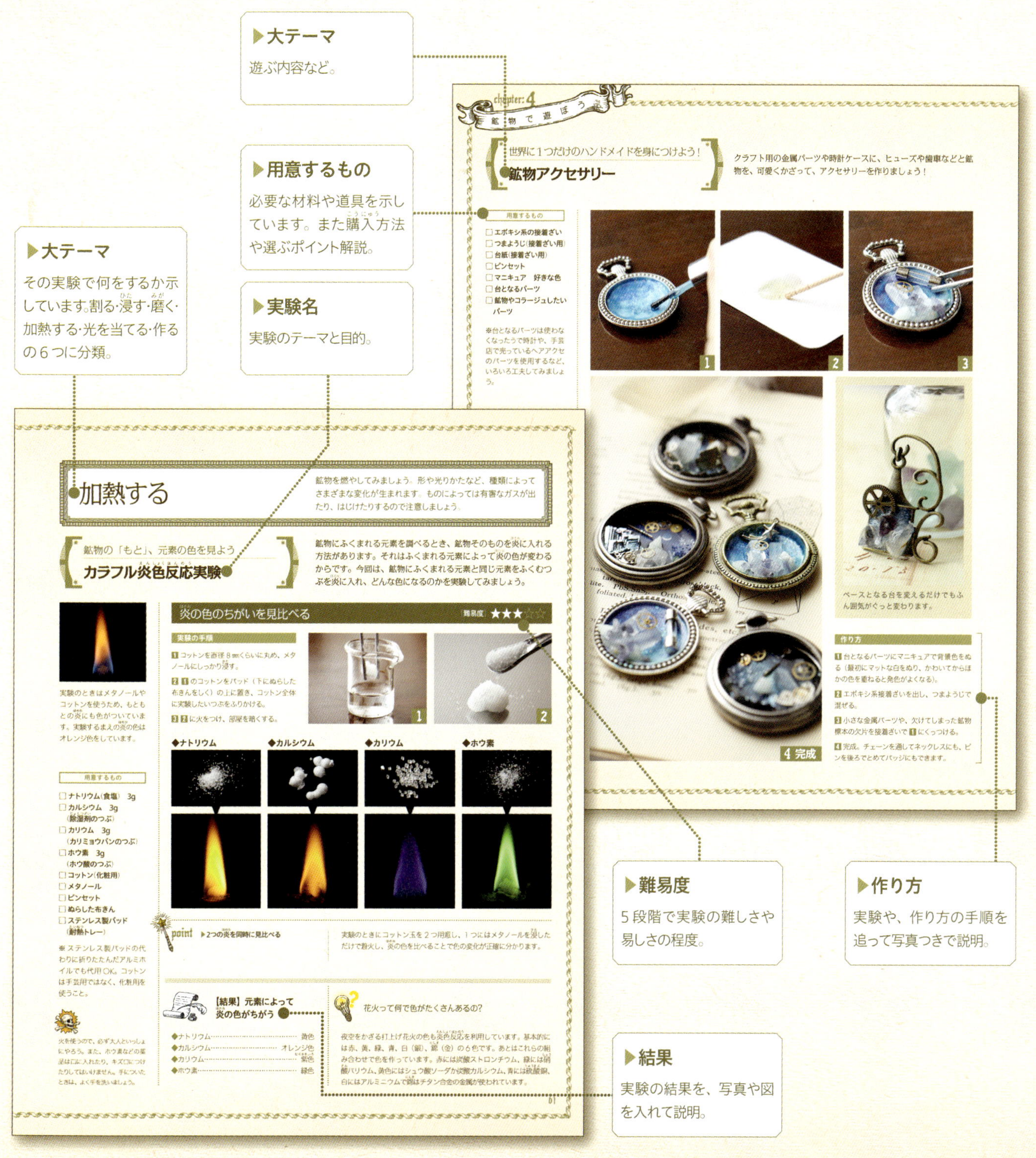

▶大テーマ
遊ぶ内容など。

▶用意するもの
必要な材料や道具を示しています。また購入方法や選ぶポイント解説。

▶大テーマ
その実験で何をするか示しています。割る・浸す・磨く・加熱する・光を当てる・作るの６つに分類。

▶実験名
実験のテーマと目的。

▶難易度
５段階で実験の難しさや易しさの程度。

▶作り方
実験や、作り方の手順を追って写真つきで説明。

▶結果
実験の結果を、写真や図を入れて説明。

「実験・遊ぶ」ときの注意!!

鉱物で実験・遊ぶまえに下の注意をよく読みましょう。しっかりと準備をして、安全に楽しく遊んでね。また、人に迷わくをかけない、物をこわさない、よごさないなどマナーを守りましょう。

鉱物で実験・遊ぶまえに

- 材料や道具は、使ってよいものか大人に確認しよう。
- 実験する場所は、きれいに片づけ、道具などを使いやすくしておこう。
- 手をきれいに洗っておこう。
- 実験の内容や手順を、しっかり頭に入れてから始めよう。
- 鉱物や道具などを買う必要がある場合は、大人に相談しよう。

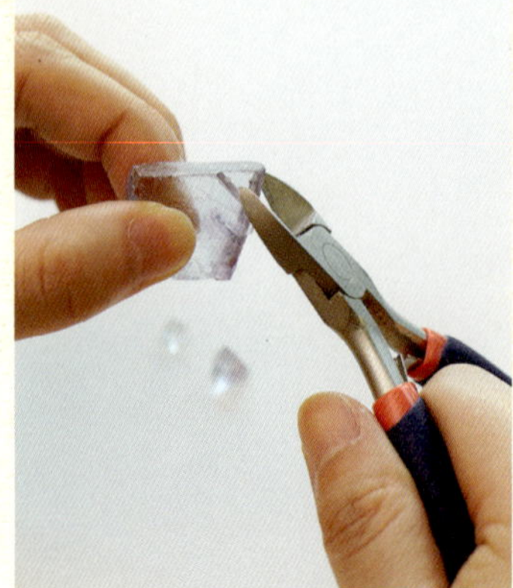

鉱物で実験・遊ぶときに

- 危険な場所では実験してはいけません。
- 小さな子どもがさわったり、材料を口に入れたりしないように注意しよう。
- 火を使う場合は、必ず大人といっしょにやろう。
- 実験のとちゅうで、その場をはなれてはいけません。
- 目や口に入らないよう注意しよう。
- 実験中のものを冷蔵庫などでしばらく置いておく場合は、実験中であることが分かるようにしておこう。

鉱物で実験・遊んだあとで

- きちんと片づけをし、きれいにそうじをしよう。
- 残った材料は、なくさないよう整理して安全な場所に保管しよう。
- レンズは、日光が当たらない場所に保管しよう。
- ゴミとして出すものは、決められた方法で出そう。

▶実験道具や工作材料などは、文ぼう具店、薬局、理化学用品店、日用品店、がん具店、ホームセンター、100円均一などでひかく的、手に入りやすいものを取り上げています。どうしても入手先が分からないものは、この本の特設サイトを確認のうえ、質問フォームから送ってください。
http://kirara-sha.com/club/

▶また、インターネットを利用して通販サイトでも購入できます。その場合は、購入できる量や金額、決算方法、入手にかかる日数などをよく確かめてから買うようにしましょう。

▶本書では子ども向けに分かりやすいよう、できるだけやさしい表現を使って説明しています。そのため、専門的な言葉や表現とは異なる場合があります。

Chapter 1 鉱物を知ろう

鉱物は身近にある美しい「地球のかけら」です。
世界に１つとして同じものはありません。
色や形にさまざまな共通点があり、それを知るのも楽しいでしょう。
ここでは鉱物がどこで生まれ育ち、
どんな特ちょうがあるのかをしょうかいします。

鉱物って何？

岩石を構成している素材のことです。現在 5000 種ほど見つかっていて、さらに毎年新種〔*〕が発見されています。国際鉱物学連合〔*〕の基準では大きく分けて 3 つの要件が満たされていないと鉱物とは認められません。

その1 地球がつくったものであること

鉱物は人間の手が加わっておらず、長い年月をかけ地球の内部にあるマグマから生まれたものです。そのため、生物からできた石炭や化石、宇宙からやってきた隕石は鉱物ではありません。

◀この魚眼石は長い年月をかけて、玄武岩などの火山岩のすき間やスカルン、ペグマタイト（➡ P.10）で結晶に育ったもの。

➡ P.46 弗素魚眼石

▶ 成分は鉱物と同じ、でも鉱物じゃないもの

下の 4 つは鉱物と同じ成分でできていますが、鉱物には分類されません。
1 黄鉄鉱化したアンモナイト。 **2** 隕石。成分は地球上にある鉄、ニッケル、珪酸塩鉱物（➡ P.23）などの元素でできている。**3** 方解石化した二枚貝。**4** オパール化したアンモナイト。

その2 決まった成分であること

鉱物は元素〔*〕からできていて、どの部分を取ってもふくまれる主な元素は同じです。

方解石にはいろいろな色や形をしたものがあるが、どれも同じ炭素と酸素の組み合わせ（$CaCO_3$）でできている。

➡ P.47 方解石

その3 固体であり、結晶であること

原子〔*〕が規則正しく配列している固体を結晶といい、鉱物は基本的に結晶しているものをさします。しかし、例外的に結晶ではなくても鉱物に分類されるものもあります。

原子がきちんと配列していないもの

固体であっても原子・分子が規則正しく並んでいないものを「非晶質」といいます。

➡ P.33 蛋白石

オパールは非晶質だが、例外的に鉱物とされる。成分は石英（➡ P.26）や玉髄（➡ P.28）と同じ SiO_2 で、10% ほど水分をふくむ。

➡ P.52 黒曜石

黒曜石は流紋岩〔*〕質のマグマが急に冷やされ、結晶構造ができるまえに固まった非晶質で「準鉱物」とされる。成分のほとんどが SiO_2 のガラス質。

液体になっても鉱物とされるもの

固体であることは鉱物要件の１つですが、液体でも例外的に鉱物とされるものがあります。

➡ P.42 水銀

水銀は液体でも鉱物とされる。昔は体温計や灯台の投光器などに使われていたが、毒性が強いため、現在はほぼ使われていない。

➡ P.46 南極石

南極石は 25℃で液体になるが、液体になったあとも鉱物と認定されている。溶けると水のように見えるが、冷却すると結晶の形が氷とはちがう。

また氷も 0℃以上で液体になるが鉱物に認定されている。六法晶系（➡ P.15）に分類されており、雪の結晶が六角形なのはそのためである。

地球の真ん中は、かたい？それともドロドロ？

丸い地球は「地殻・マントル・核」の３つの部分に分けられます。いちばん外側は「地殻」とよばれ、おもに石英や長石、輝石などの鉱物がふくまれた岩石からできています。その内側は「マントル」とよばれ橄欖石や石榴石、輝石がふくまれた岩石です。中心には鉄やニッケルの金属からなる「核」があります。核は「外核」と「内核」に分けられ、外核は液体で内核は固体だと考えられています。

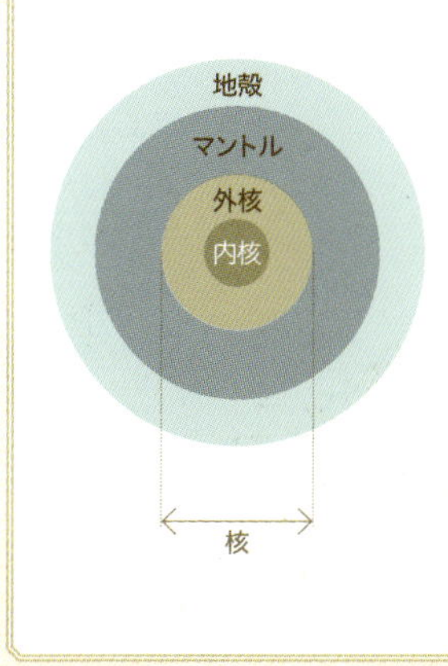

鉱物ができる場所

鉱物は鉱物のもととなる成分がじゅうぶんにある場所「鉱床〔*〕」で育ちます。鉱床は地下でゆっくり冷えていくマグマの中や、その周辺のほか、オアシス〔*〕や湖の底、川の底、ふん火口付近などにできます。

▼漂砂鉱床／浅砂鉱床

川の流れや風で鉱物や元素が運ばれ集まった場所。たとえば、川では山から運ばれてきた水晶や自然金などの鉱物が多く産出される。

▼風化・酸化鉱床

雨や風にさらされる地表や、地下水、海水などで酸化する場所。鉱物は水や空気にふくまれる酸素と結びついて別の鉱物に変わることがあり、孔雀石、藍銅鉱、自然銅、青鉛鉱などが産出される。

▶川

◀湖

▲沈殿鉱床

湖や内海の底にできる。底にしずんだ物質から鉱物ができ、南極石などが産出される。

▶ペグマタイト鉱床

マグマが地中でゆっくり冷えていく最後にできるおおきな空洞。水晶や石榴石、電気石など大きく美しい結晶が産出される。

➡P.26 水晶

➡P.25 石榴石

➡P.32 電気石

➡P.45 雲母

➡P.36 蛍石

さばくのオアシス

オアシスの水が蒸発し、そこにふくまれていた元素が集まりできる鉱物があります。

➡P.40 石膏

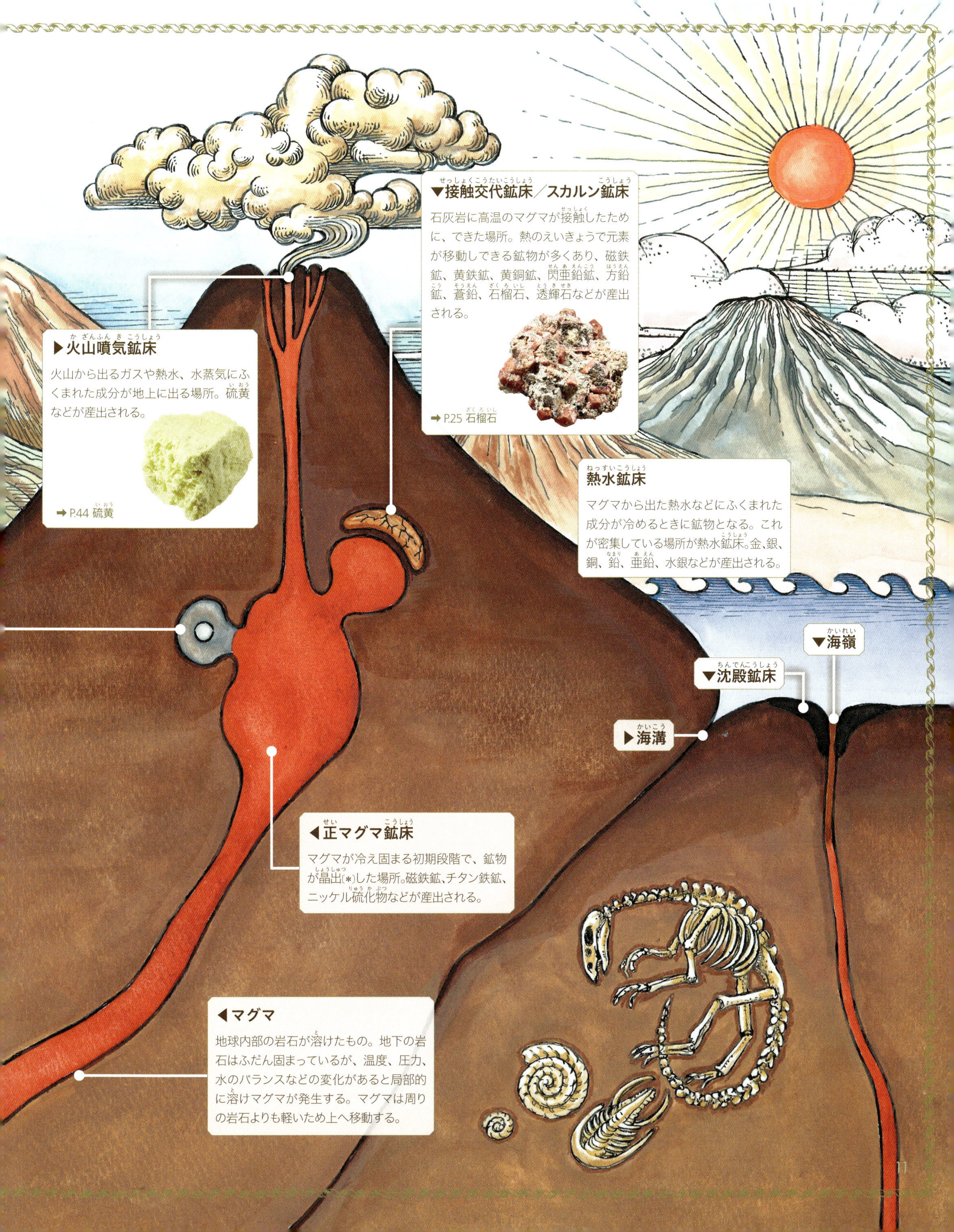

▼接触交代鉱床／スカルン鉱床
石灰岩に高温のマグマが接触したために、できた場所。熱のえいきょうで元素が移動しできる鉱物が多くあり、磁鉄鉱、黄鉄鉱、黄銅鉱、閃亜鉛鉱、方鉛鉱、蒼鉛、石榴石、透輝石などが産出される。
➡P.25 石榴石
▶火山噴気鉱床
火山から出るガスや熱水、水蒸気にふくまれた成分が地上に出る場所。硫黄などが産出される。
➡P.44 硫黄
熱水鉱床
マグマから出た熱水などにふくまれた成分が冷めるときに鉱物となる。これが密集している場所が熱水鉱床。金、銀、銅、鉛、亜鉛、水銀などが産出される。
▼海嶺
▼沈殿鉱床
▶海溝
◀正マグマ鉱床
マグマが冷え固まる初期段階で、鉱物が晶出(*)した場所。磁鉄鉱、チタン鉄鉱、ニッケル硫化物などが産出される。
◀マグマ
地球内部の岩石が溶けたもの。地下の岩石はふだん固まっているが、温度、圧力、水のバランスなどの変化があると局部的に溶けマグマが発生する。マグマは周りの岩石よりも軽いため上へ移動する。

鉱物の特ちょう

色や形などの見た目、かたさや割れ方に現れる構造の性質など鉱物にはそれぞれ特ちょうがあります。そして、これらの特ちょうが鉱物を見分けるポイントになります。

結晶の外形

Outer shape

ある程度ゆとりのある空間でゆっくり成長すると、その鉱物特有の結晶の形となります。ほかにも、たくさんの形がありますが、ここでは特によく見るものをしょうかいします。

立方体

正方形6枚で囲んだ立体。黄鉄鉱、方鉛鉱、蛍石など。

➡ P.38 黄鉄鉱

八面体

正三角形8枚で囲んだ立体。磁鉄鉱、ダイヤモンド、スピネルなど。

➡ P.39 磁鉄鉱

十二面体

正五角形12枚で囲んだ立体。黄鉄鉱、石榴石など。

➡ P.38 黄鉄鉱

柱状

細長い柱のような形。長柱状、短柱状とさらに細かく長さによって分類する場合もある。緑柱石、正長石など。

➡ P.25 緑柱石

針状

柱状の中でもとくに細いものを針状という。ソーダ沸石など。

➡ P.47
オーケン石分離結晶

毛状（繊維状）

柱状の中でも極めて細かいものを毛状、繊維状とよぶ場合もある。毛鉱、苦土毛礬など

➡ P.47 苦土毛礬

板状

平たい形。鉱物によって厚さがちがう。特にうすいものを葉片状や鱗片状という。重晶石、石膏など。

➡ P.45 リチア雲母

球状

見た目は丸く見える形だが、これは360度自由な空間で成長したためで、割ってみると放射状の細かい結晶が集合したもの。

➡ P.35 藍銅鉱

錐状

とがった形。方解石のように長い錘面を持つものを犬牙状という。

➡ P.47 方解石

➡ P.27 水晶

腎臓状

腎臓のように丸みを帯びたでこぼこが並び重なっている形。

➡ P.38 赤鉄鉱

樹枝状

小さい結晶が多数連結して枝分れした樹木のようになったかたちのもの。霰石など。

➡ P.39 白鉛鉱

硬度 Hardness

鉱物にはやわらかいものから、かたいものまでいろいろあります。このかたさのちがいを分かりやすくするための基準が「硬度」です。

モース硬度 [Mohs hardness]

ドイツの鉱物学者フリードリッヒ・モースは、鉱物を比べたのち、かたさを10段階に分け、基準となる鉱物を決めました。これを「モース硬度」といいます。

やわらかい ↔ かたい

硬度	基準となる鉱物	
 1	滑石	
2	石膏	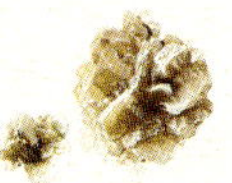
3	方解石	
4	蛍石	
5	燐灰石	
6	正長石	
7	石英	
8	トパーズ	
9	コランダム	
10	ダイヤモンド	

硬度を比べてみよう!

たがいに平らな面をひっかいてキズがつくかどうかを観察し、どちらがかたいかを判断します。キズのつくほうが、硬度が低いということになります。透明な方解石と石英（水晶）でためしてみましょう。キズのついたほうがモース硬度3のやわらかい方解石だということが分かります。

縦方向と横方向で硬度がちがう「二硬石」!

藍晶石は方向によって2つの硬度を持ちます。角度によって硬度が異なることを「硬度の異方性が大きい」といいます。

ロージバル [Rosiwal hardness]

主に宝石を加工するときに重視される硬度でけずりや磨きに対する強さを絶対的な数値で表したものです。

劈開 Cleavage

鉱物には、大きな力を加えると一定の方向に割れやすい（さけやすい）性質を持つものがあります。この性質を「劈開」といいます。割れた平らな面を「劈開面」といいます。

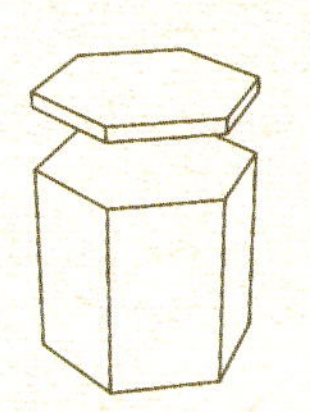

1方向に完全：トパーズ、雲母、魚眼石など

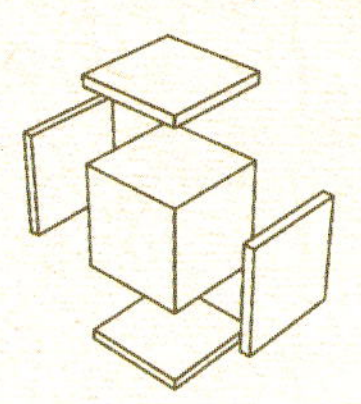

2方向に完全：正長石など

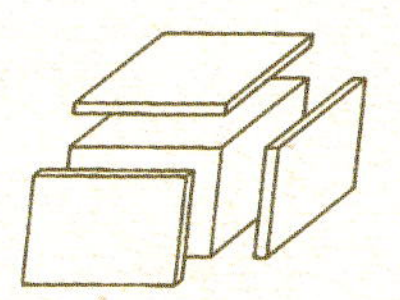

3方向に完全：方解石など

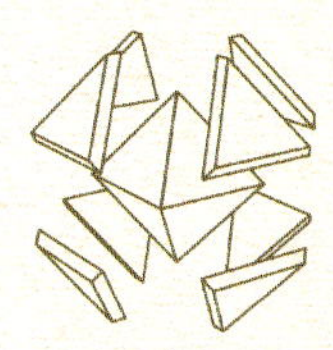

4方向に完全：蛍石、ダイヤモンドなど

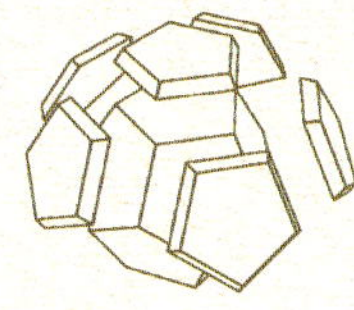

6方向に完全：閃亜鉛鉱など

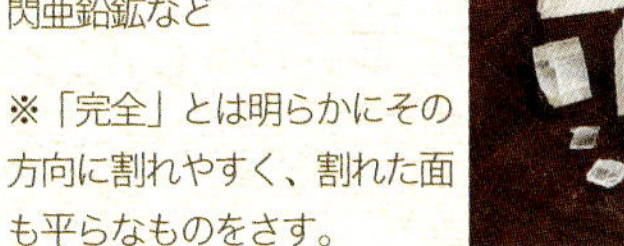

※「完全」とは明らかにその方向に割れやすく、割れた面も平らなものをさす。

比重 Specific gravity

同じ体積での重さのちがいをみます。「比重」は鉱物の質量と基準物質である「水」との比のこと。つまり、同じ大きさの水の質量の何倍であるかをみます。

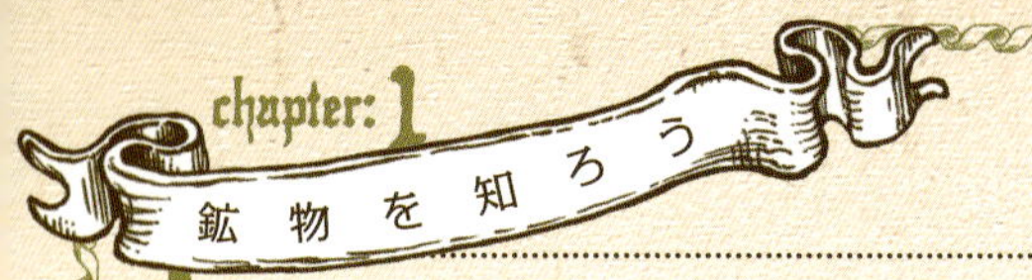

色や形

Colors & Shapes

同じ名前の鉱物でも、色や形がちがうことがあります。また、似た色や形でも、同じ鉱物とは限りません。

条痕色
[Streak colour]

鉱物を粉状にしたときの色のことです。見た目の色とちがう場合が多く、タイルの裏などにこすりつけて見ます。

蛍光
[Fluorescence]

暗い所で鉱物にブラックライトを当てると、光を発する性質のこと。光は波長〔*〕が短いほどエネルギーが大きく、受け取ったエネルギーのせいで励起状態〔*〕となった原子が、もとの状態にもどるためにエネルギーを放出します。これが可視光〔*〕で放出された場合に「蛍光」して見えるのです。

蛍光させてみよう!

➡P.71 マンガン方解石

干渉色
[Interference color]

光の種類や、見る角度によって鉱物の色がちがって見えることを「干渉色」といいます。

遊色効果 [Play of colour]

見る角度によって色が変化することを「遊色効果」といいます。にじ色に見えたりするのは光が結晶構造によって分光〔*〕されることで起こります。

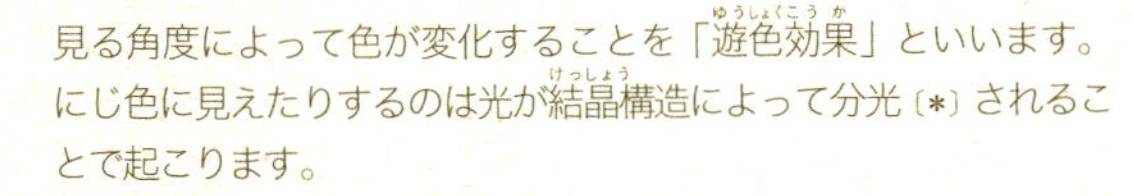

➡P.33 蛋白石

ラブラドレッセンス [Labrado rescence]

灰色がベースの色の鉱物ですが角度を変えると、クジャクの羽のようにあざやかにかがやく部分があります。このような現象を「ラブラドレッセンス」といいます。

➡P.24 曹灰長石

カラーチェンジ（変色効果）
[Change of colour]

異なる光源（自然光、蛍光灯、白熱灯）の下で、ちがう色を示す性質です。

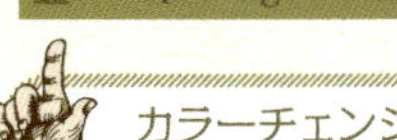

カラーチェンジを見てみよう!

➡P.65 蛍石

スター効果
[Asterism]

観察する角度によって星型の光が現れる性質です。サファイアやルビーなどに見られ、不純物としてふくまれるルチル〔*〕が原因です。

キャッツアイ効果
[Chatoyancy]

角度により回転して動くように見えるネコのひとみに似た形の光の筋が現れる性質です。

結晶系 Crystal system

鉱物は自由に成長すると原子が規則正しく並び、対しょう性を持つ平面で囲まれた多面体となります。これらを「面と面とを結ぶ軸（結晶軸）」と「結晶軸の交差角度」によって6つのグループに分類したものを結晶系（晶系）といいます。

等軸（立方）晶系

3本の結晶軸がおなじ長さ・交差角度90度。基本は立方体でコロンとした形のものが多い。

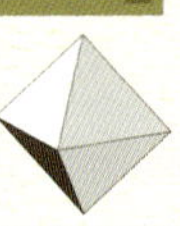

正方晶系

3本の結晶軸のうち2本がおなじ長さで1本が異なる長さ。基本は直方体で、四角柱や両すい形などで現れる。

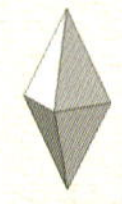

斜方（直方）晶系

3本の結晶軸の長さがすべて異なる。
交差角度90度。

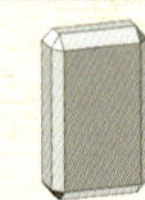

単斜晶系

3本の結晶軸の長さがすべて異なる。3つの交差角度のうち2つは90度で、もう1つは90度ではないもの。いちばん多くの鉱物がこれに分類される。

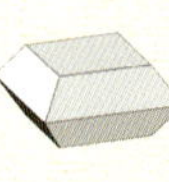

三斜晶系

3本の結晶軸の長さはそれぞれ異なり、その3本の結晶軸が互いに直交しないもの。

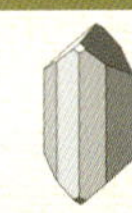

六方晶系・三方晶系

3本の結晶軸のうち、2本は長さがおなじで、たがいに120度で交わる。1本は長さがちがい、ほかの2本と直角に交わる。

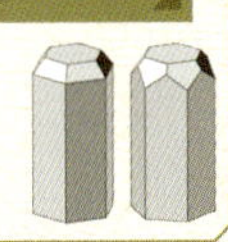

結晶系の図は結晶の形を表すものではありませんが、この2つには密接な関係があり、結晶系を意識しながら観察を続けていくと結晶の形からその鉱物の結晶系が分かります。

磁性 Magnetism

鉱物が磁石に引きつけられる性質のことで、調べるにはフェライト磁石〔*〕を使います。

鉱山探検

日本にはかつて鉱物資源を採くつする数多くの鉱山がありました。地中にアリの巣のようにトンネル（坑道）をほり、その先にとても大きな穴をつくり鉱物をほり出していました。

▶滝
くずれた石が谷に流れ、石英などが落ちている。

▶試掘穴
鉱物があるか試しにほった穴。

▼本坑入口
鉱山内へ入るための入口。

▶レール
石を運ぶトロッコのためのレール。

▶水路
坑道から出た水を流す通路。

▲砕石機
鉱物をくだくのに使っていた機械。

鉱山から出たいらない石で、道がつくられている。蛍石は紫外線で退色し、白くなっているが、ブラックライトを当てるとブルーに蛍光し小さな欠片を見つけられる。

川の流れがせき止められている場所にブラックライトを当ててみると大きな母岩〔*〕つきの蛍石などを見つけられる。土をほった中や、川の中には緑色のきれいなものもある。

行ってみよう！ ミネラルハンティングツアー

岐阜県の金山町観光協会が行っているツアーです。日本で鉱物を採取するには、土地所有者の許可を得なければなりませんし、危険な場所も少なくありません。このツアーではガイドさんの案内のもと笹洞鉱山を回れるので安心。はじめて自然の中で鉱物を採集体験するにはぴったりです。また、拾った標本は、標本箱に入れて持ち帰ることもできます。危険な場所が多いので、必ず観光協会へ問い合わせツアーに参加しよう。

[問い合わせ先]
金山町観光協会 ☎0576･32･3544
〒509-1614
岐阜県下呂市金山町大船渡679-1
(JR飛騨金山駅舎内)

【「笹洞鉱山」をもとにイラストをかいてるよ!】

岐阜県の中央、美濃地方と飛騨地方にまたがる所に「笹洞鉱山（松下鉱山）」とよばれる鉱山がありました。また山の反対側には平岩鉱山があり、全盛期の昭和30～40年ごろには笹洞と平岩を合わせると日本の産出量の90%をしめるほどで、日本一の蛍石鉱山でした。現在はすべて、閉山しています。

↑当時の写真 入口の坑木はクリの木です。クリの木は何年経っても中心部分はくさらないので、水の多い鉱山のトンネルには欠かせない木でした。

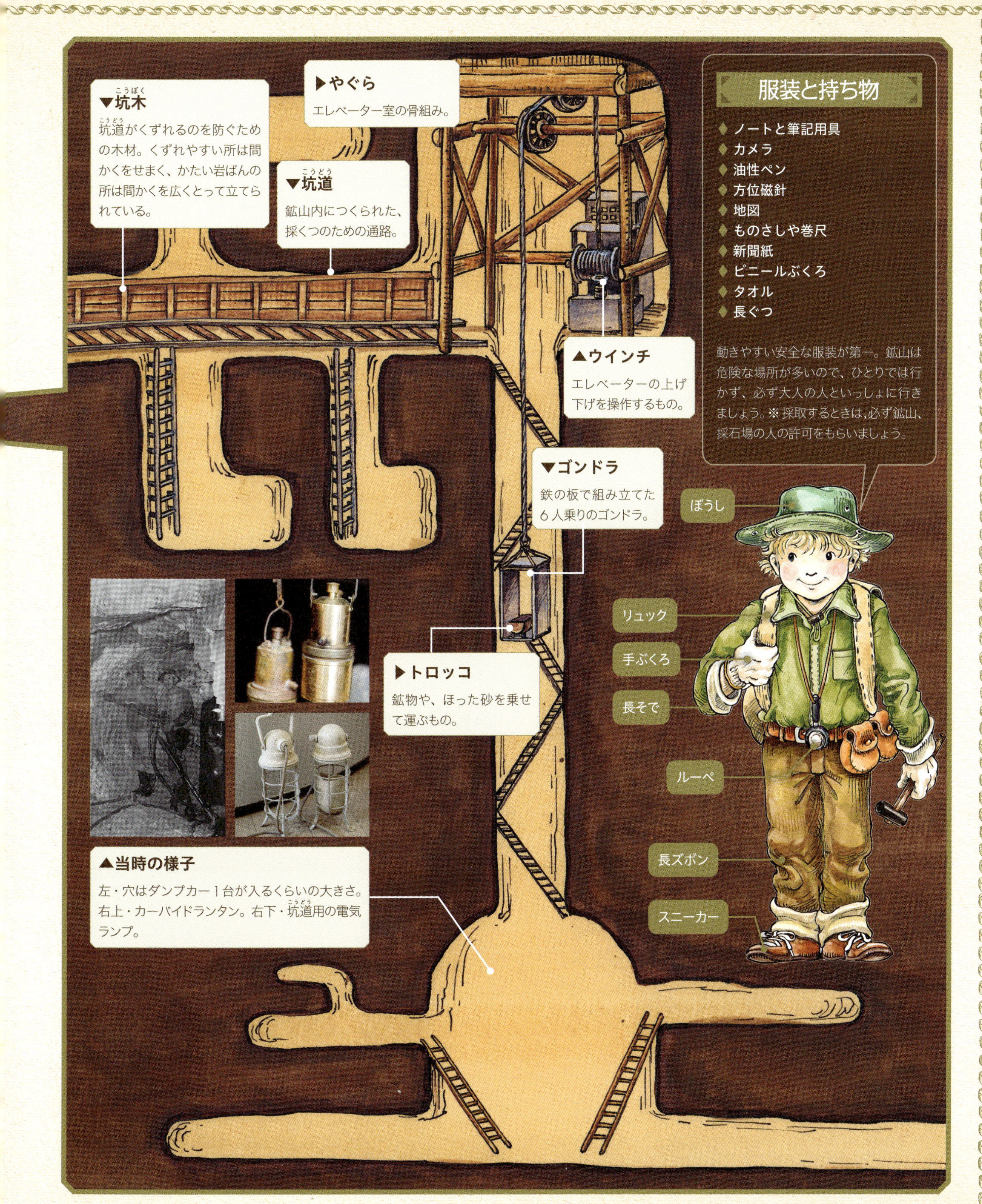
▼坑木
坑道がくずれるのを防ぐための木材。くずれやすい所は間かくをせまく、かたい岩ばんの所は間かくを広くとって立てられている。
▶やぐら
エレベーター室の骨組み。
▼坑道
鉱山内につくられた、採くつのための通路。
▲ウインチ
エレベーターの上げ下げを操作するもの。
▼ゴンドラ
鉄の板で組み立てた6人乗りのゴンドラ。
▶トロッコ
鉱物や、ほった砂を乗せて運ぶもの。
▲当時の様子
左・穴はダンプカー1台が入るくらいの大きさ。右上・カーバイドランタン。右下・坑道用の電気ランプ。
服装と持ち物
◆ノートと筆記用具
◆カメラ
◆油性ペン
◆方位磁針
◆地図
◆ものさしや巻尺
◆新聞紙
◆ビニールぶくろ
◆タオル
◆長ぐつ
動きやすい安全な服装が第一。鉱山は危険な場所が多いので、ひとりでは行かず、必ず大人の人といっしょに行きましょう。※採取するときは、必ず鉱山、採石場の人の許可をもらいましょう。
ぼうし
リュック
手ぶくろ
長そで
ルーペ
長ズボン
スニーカー

鉱物観察

鉱物は観察をするほど、面白い発見があります。ルーペを使って細部を見たり、記録のひとつとして、スケッチをしてみましょう。観察力をきたえることが、鉱物博士への第一歩です。

岩石のつぶを見てみよう

岩石とは、いくつかの鉱物が集まっている石のことです。そのため岩石の角度を変えて見ると、光ったり色が変わって見えるものもあります。

黒雲母花崗岩（深成岩）
Biotite granite
茨城県笠間市稲田

白がカリ長石、光を反射し黒っぽい色が黒雲母、黒が角閃石、透明に見えるのが石英。

岩石の種類

マグマが冷えてできた岩石を「火成岩」といいます。火成岩は、火山活動によりマグマが地上に出て急に冷えてできた「火山岩」と、地下でゆっくり冷えて固まった「深成岩」の２つに分けられます。深成岩のほうがゆっくり冷えるため、ふくまれる鉱物の結晶は大きく成長しています。火成岩は、長い時間をかけ「堆積岩」や「変成岩」にすがたを変えるものもあります。

ルーペを使ってみよう

１つの鉱物標本に複数の鉱物が共存している場合があります（随伴鉱物）。またラベルには１種類の鉱物名しか書かれていない場合でもよく見るとほかの鉱物がくっついていたり、母岩〔*〕がついているものも多いので、ルーペを使って観察してみましょう。

1. ルーペを目に近づけます。目とのきょりはメガネくらい。
2. ルーペを当てていないほうの目をつむります。
3. 標本を前後に動かしてピントを合わせます。

ルーペで太陽を見てはいけません。

大きな岩石など、標本を動かすことが難しい場合はルーペと目を標本に近づけて、そこから少しずつはなれてピントを合わせます。

白いふわふわはオーケン石。白くてかたいのはギロル石。あわい緑色の部分はぶどう石。では白い結晶は何でしょうか。ルーペで観察すると垂直な条線〔*〕が見えます。水晶ならば条線は水平なのでこの鉱物は魚眼石だと推測することができます。

スケッチしてみよう

鉱物学だけではなく、昆虫学、植物学など自然科学を研究するときは観察してスケッチすることがとても重要です。美術のスケッチとは少しちがい、標本の正確な状態を記録するためにいくつかの決まりごとがあります。

かくのはコレ

- リンカクは1本の線でかき、はっきりしない部分は点線でかく。
- 主な部分だけを忠実にかき、細部はある程度省略してもよい。
- かげや傷、よごれなどはかかない。
- 色の「こい・うすい」は点で表現をする。
- 色づけは、黒の線を消さないようにする。

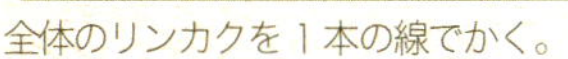

全体のリンカクを1本の線でかく。

結晶のリンカクを1本の線でかく。

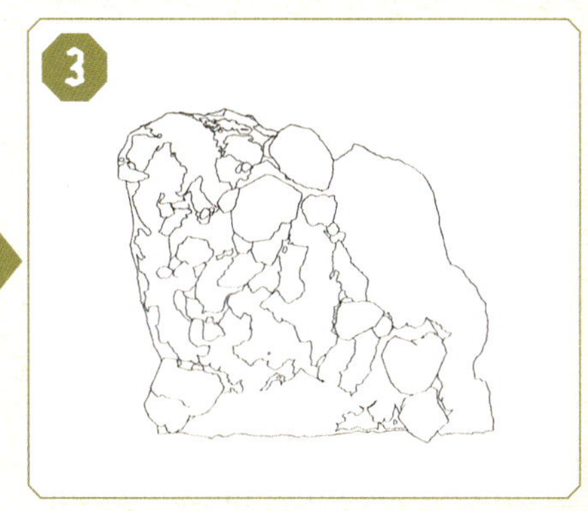

はっきり分かる境目は、線でしっかりかく。

分かりづらい境目は点線でかき、色の「こい・うすい」は点の集合で強弱をつけていく。

水さい絵の具で、結晶部分の色をつける。

完成

母岩部分にも色をつけ完成。あくまで標本の観察記録なので色づけでは線を消さないように注意しましょう。

日本の鉱物産地

日本にも世界的な産出量をほこる鉱山がたくさんありました。ここでは、現在も流通している鉱物標本の産地と、そこで採れる鉱物などをしょうかいします。

❶北海道札幌市手稲区／手稲鉱山
テルル石、鶏冠石など

❷北海道北見市／イトムカ鉱山
水銀

❸青森県中津軽郡西目屋村／尾太鉱山
紫水晶、黄鉄鉱、方鉛鉱など

❹秋田県鹿角郡尾去沢町／尾去沢鉱山
なるみ石、菱マンガン鉱など

❺岩手県下閉伊郡田野畑村／田野畑鉱山
鈴木石、吉村石

❻山形県山形市宝沢／宝沢鉱山
閃亜鉛鉱など

❼宮城県白石市／雨塚山
紫水晶

❽福島県郡山市／月形鉱山
デュモルチェ石

❾福島県いわき市／御斎所鉱山
満礬石榴石、鉄礬石榴石、白雲母、金雲母など

❿新潟県／佐渡金山
金

⓫新潟県／赤谷鉱山
あられ石

⓬栃木県／足尾銅山
黄鉄鉱、黄銅鉱、水晶、胆礬など

⓭茨城県／日立鉱山
黄銅鉱、硫化鉄鉱、菫青石

⓮埼玉県／秩父鉱山
金、閃亜鉛鉱、硫砒鉄鉱など

⓯長野県南佐久郡川上村／川端下甲武信鉱山
水晶、方解石、柱石、灰鉄輝石など

⓰静岡県伊豆市湯ヶ島／浄蓮鉱山
針銀鉱

⓱石川県金沢市倉谷町／倉谷鉱山
菱マンガン鉱、車骨鉱など

⓲岐阜県吉城郡神岡町／神岡鉱山
神岡鉱、自然砒など

⓳愛知県設楽町／田口鉱山
バラ輝石、満礬石榴石、金雲母など

⓴三重県一志郡白山町／白山鉱山
苦礬石榴石、水晶など

㉑京都府亀岡市ひえ田野町／行者山
錫石、黄鉄鉱、蛍石、石英、桜石など

㉒大阪府南河内郡太子町
古銅輝石など

㉓奈良県御所市朝町
黄銅鉱、斑銅鉱、自然銅、孔雀石、珪孔雀石、胆礬、藍銅鉱、毒鉄鉱など

㉔島根県太田市／石見鉱山
硬石膏、繊維石膏、方鉛鉱など

㉕鳥取県東伯郡三朝町福山
煙水晶

㉖岡山県久米郡久米南町
方鉛鉱、黄鉄鉱、黄銅鉱など

㉗山口県美祢市於福町下
孔雀石、珪孔雀石、黄鉄鉱、黄銅鉱、閃亜鉛鉱、方鉛鉱など

㉘広島県瀬戸田町生口島
孔雀石、毒鉄鉱、石英、黄玉、黄銅鉱 など

㉙香川県高松市国分寺町西山
サヌカイト

㉚徳島県美馬群木屋平村／野々脇鉱山
黄鉄鉱、黄銅鉱、磁鉄鉱など

㉛愛媛県伊予郡砥部町
閃亜鉛鉱、黄銅鉱、黄鉄鉱、菱マンガン鉱など

㉜佐賀県唐津市肥前町切木
木村石など

㉝福岡県田川郡川崎町／安眞木小峠
閃ウラン鉱など

㉞大分県宇目町王神原エメリー谷／エメリー鉱

㉟長崎県下県郡厳原町／成相鉱山
氷長石

㊱鹿児島県牧園町三体堂坂下
魚卵状珪石など

㊲沖縄県八重山郡竹富町
鳴石

Chapter 2 美しい鉱物の世界

ジュエリーとなる宝石鉱物から産業に不可欠な鉱石鉱物、
そして色や形が面白い鉱物など、全125点を厳選。
専門図鑑(ずかん)とはちがい、おこづかいでも手に入れやすい鉱物を
セレクトしているので美しい鉱物写真を見るだけでなく、
ミネラルショーや鉱物標本店で鉱物を選ぶときにも役立ちます。

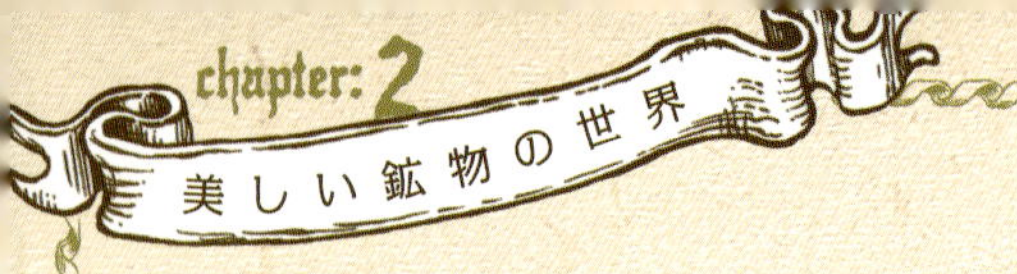

鉱物の成分と分類

鉱物の分類にはいろいろな方法がありますが、構成する元素で分類するやり方が多く採用されています。周期表と合わせて見てみましょう。成分を知ることで、化学組成式の成り立ちが分かります。

元素鉱物

単一の元素からなるもの。元素周期表の元素と同じ名前のものもありますが、鉱物として産出される場合は「自然金」「自然蒼鉛」など、名前に「自然」をつけます。

➡ P.43 自然金

硫化鉱物

金属元素が硫黄と結合している鉱物を硫化鉱物といいます。不透明で金属光たくがあるものが多いのですが、辰砂や鶏冠石のように透明なものもあります。

➡ P.38 方鉛鉱

酸化鉱物

金属元素が酸素と結合している鉱物を酸化鉱物といいます。ほかと比べ硬度の高いものが多いのが特ちょうです。

➡ P.30 尖晶石

ハロゲン化鉱物

金属元素とハロゲン元素が結合している鉱物をハロゲン化鉱物といいます。ハロゲン元素は元素周期表の右側から2列目（17族）に属する元素で蛍石、岩塩などがあります。

➡ P.36 蛍石

炭酸塩鉱物

炭酸塩からなる鉱物を炭酸塩鉱物といいます。化学組成式にある CO_3 が目印。方解石、霰石、孔雀石、藍銅鉱などがあります。

➡ P.47 方解石

燐酸塩鉱物

燐酸塩からなる鉱物を燐酸塩鉱物といいます。化学組成式にある PO_4 が目印。燐灰石やトルコ石などがあります。

➡ P.31 トルコ石

そのほか

硝酸塩鉱物、硼酸塩鉱物、クロム酸塩鉱物、砒酸塩鉱物、モリブデン酸塩鉱物、タングステン酸塩鉱物、バナジン酸塩鉱物などがあります。

➡ P.38 バナジン鉛鉱

硫酸塩鉱物

硫酸塩からなる鉱物を硫酸塩鉱物といいます。化学組成式にある SO_4 が目印。ほかと比べて硬度の低いものが多いのが特ちょうです。天青石や石膏、胆礬などがあります。

➡ P.29 天青石

珪酸塩鉱物

珪酸塩からなる鉱物を珪酸塩鉱物といいます。化学組成式にある SiO_4 が目印。珪酸塩鉱物に分類されるものがいちばん多く、珪酸塩の四面体の結びつき方によってさらに6つに分類されます。

➡ P.31 翠銅鉱

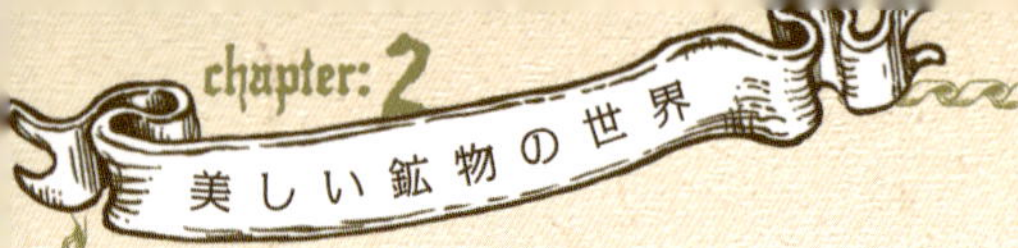

宝石鉱物

ジュエリーに加工されることがある鉱物を宝石鉱物として分類しています。宝石としての条件は美しさと硬度の高さをかね備えていることです。

本書では、宝石として加工されるランクではない標本も、その鉱物が宝石として使われることがある場合はすべて宝石鉱物としています。

❶…化学組成式 ❷…劈開 ❸…モース硬度 ❹…色 ❺…条痕 ❻…比重

曹灰長石／ラブラドライト

Labradorite　三斜晶系　珪酸塩鉱物

にじ色のラブラドレッセンスを見られることで人気のある鉱物。名前は1770年にカナダのラブラドル半島で発見されたことからつけられました。鉱物としては斜長石に属し、ナトリウムが多い曹長石とカルシウムが多い灰長石の中間の成分です。

❶(Ca,Na)(Si,Al)$_4$O$_8$ ❷2方向にあり ❸6～6.5
❹無色、白、灰、青など ❺白 ❻2.7

▶曹灰長石
見る方向によって光り方がちがう。／マダガスカル産

▼スペクトロライト
にじ色のラブラドレッセンスがひときわ強く美しいため、フィンランドのユレマで産出されたものだけが、スペクトロライトとよばれる。同じ石であっても希少なものについては、別名がつけられることがある。
／フィンランド ユレマ産

▼日長石
赤色部分は自然銅によるもの。
／アメリカ オレゴン州産

日長石／サンストーン

Sunstone　三斜晶系　珪酸塩鉱物

ギリシャ語で「太陽の石」という意味のヘリオライトという別名もあります。灰曹長石の中でも特に太陽の光をイメージさせる美しい赤色のものを日長石といいます。また、日長石に対して、月の光のようなかがやきのあるものを月長石とよびます。

❶(Ca,Na)(Si,Al)$_4$O$_8$ ❷2方向にあり ❸6
❹無色、橙、赤、褐色、緑 ❺白 ❻2.8

point 研磨するとピカピカ!

ラブラドライト特有のラブラドレッセンスをよりきれいに見せるため、片面を磨いている標本が多くあります。

美しい光を放つ「月長石」

ラブラドライト、サンストーンのほかに長石にはもう1つ、美しい閃光〔*〕を放つものがあります。和名は月長石、英名はムーンストン。カボションカット（フランス語で「頭」を意味し、丸い山形に研磨）されアクセサリーとしても人気。月長石や曹灰長石の美しいツヤは、2種類の長石がうすい層となった結晶構造によって光の干渉が起きているためです。

緑柱石／ベリル

Beryl

六方晶系　珪酸塩鉱物

ベリリウムをふくむ鉱物です。鉱物名は緑柱石ですが水色のものを宝石名でアクアマリン、緑色のものをエメラルドといいます。そのほか、宝石となる緑柱石には黄色いヘリオドール、ピンク色のモルガナイトなどがあります。

❶$Be_3Al_2Si_6O_{18}$ ❷なし ❸7 ❹無色、緑、青、黄、赤など ❺白 ❻2.6

◀エメラルド
緑色部分はわずかにふくまれるクロムやバナジウムによるもの。／コロンビア産

▶アクアマリン
水色は、わずかにふくまれる鉄イオンによるもの。／ナミビア産

▼緑柱石
透明な部分が緑柱石。銀色の部分は白雲母。／パキスタン産

◀灰礬石榴石
緑色がもっとこくなるとツァボライトとよばれる。／カナダ産

▶灰礬石榴石
透明度の高いものやオレンジや赤と色もさまざま。／右、右上：ともにメキシコ産

灰礬石榴石／グロッシュラー

Grossular

等軸晶系　珪酸塩鉱物

石榴石はその名のとおりザクロの実に似ていることから名づけられました。石榴石は鉱物名ではなくグループ名で、ふくまれる成分によってさまざまな種類と色に分かれており、灰礬石榴石の「灰」はカルシウム（Ca）を意味します。

❶$Ca_3Al_2(SiO_4)_3$ ❷なし ❸7
❹無色、緑、橙、赤、赤紫、ピンクなど ❺白 ❻3.6

「苦礬石榴石(Pyrope)」と「鉄礬石榴石(Almandine)」のちがいとは!?

苦礬石榴石の「苦」はマグネシウム（Mg）。鉄礬石榴石の「鉄」は文字通り鉄（Fe）のことです。しかし、じっさいにはどちらの鉱物にも鉄とマグネシウムはほぼふくまれていて、どちらの成分が多いかで表記が変わります。このように両方の成分を持つものを「固溶体」といいます。

苦礬石榴石　$Mg_3Al_2(SiO_4)_3$

鉄礬石榴石　$Fe_3Al_2(SiO_4)_3$

水晶(石英)／クオーツ

Quartz

三方晶系　酸化鉱物

水晶も石英も鉱物学的には同じものですが、肉眼で結晶の形が分かるものを水晶とよびます。水晶は六角柱で先がとがった形をしています。六角柱の底面からとんがりの先を結ぶじくをＣじくとよびます。偏光板〔*〕を使えばこのＣじくを中心とした、にじ色のうずを肉眼で見ることもできます。

❶SiO_2　❷なし　❸7　❹無色～白、黄、ピンク、緑など　❺白　❻2.7

◀黄水晶／シトリン
鉄により黄色になる。市場に流通しているものは紫水晶を加熱したものが多い。／ブラジル産

◀両錐水晶
両はしに錐面を持つキラキラした水晶はハーキマーダイヤが有名だが、最近ではパキスタンからもきれいな両錐水晶が産出されている。オイル入りのものはブラックライトで蛍光する。／パキスタン産

▲赤鉄水晶
酸化鉄によって赤褐色に色づいた両錐水晶。／スペイン産

◀山入水晶
山のりょう線のような模様が入った水晶。いちど成長が止まったものが、再び成長を始めた結果、止まっていた時期の錘面が水晶の内部に残されているためにできる。幻影水晶、幽霊水晶ともよばれる。／ブラジル産

▶松茸水晶
じくの上に丸っこい水晶がのった、その名のとおり松茸のような形の水晶。じくの部分の水晶が成長しているとちゅうでかんきょうが変わり、そのあと丸っこい水晶が成長したためにこのような面白い形となったもの。／ブラジル産

▼紫水晶／アメシスト
紫色は鉄イオンによるもの。水晶の珪素が鉄イオンに置きかわり、そこに放射線が当たり紫色以外の波長の光を吸収するため紫色に見る。／左：ブラジル産、右：群馬県沼田市産

▼紅水晶
紅水晶として流通しているもののほとんどが紅石英である。水晶とよべるクラスのもののほとんどは、ブラジルで採取されている。／ブラジル産

▶水晶

透明な水晶の群晶〔*〕。六角柱の先に錐面がある。錐面はとなり合う面で、たがいちがいに大きさが異なっている。／下：アメリカ アーカンソー州産、上：ブラジル産

▲青水晶

ルーペで観察すると青色の細い針のようなものが無数に見えるが、この正体はインディゴライトという電気石。このほかにアエリン石が入って青色に見えるものもある。／ブラジル産

▼アメトリン

1つの水晶標本の中で紫のアメシストと黄色のシトリンが合体したアメトリン。／ボリビア アナイ鉱山産

▼黒水晶／煙水晶

アルミニウムイオンが入りこみ放射線を浴びると特別な波長だけを吸収し色づく。煙水晶はほぼすべての波長を吸収するので黒っぽく見える。煙水晶の中でも特に色がこいものを黒水晶といい、人工的に放射線を当てて作ることもできる。／ブラジル産

▼日本式双晶

水晶の結晶が84.33度でつなぎ合っている双晶〔*〕のこと。明治時代に日本で多く産出したため、ドイツの鉱物学者ゴールドシュミットが日本式双晶と命名。ハート水晶、夫婦水晶とよばれることもある。／長崎県産

紫色の水晶を黄色にする方法!

天然の黄水晶は大変希少で、オレンジ色や黄色の美しいもののほとんどが紫水晶を加熱したものです。七宝焼きやガラス工芸用の電気炉で紫水晶を加熱すると、家でもきれいな人工シトリンをつくることができます。紫色がいちど白くなり、そこから紅茶のような色に変わります。加熱してつくった人工シトリンはクラック（ひび）が入りやすくなるので要注意です。

玉髄（瑪瑙）／カルセドニー

Chalcedony

三方晶系　酸化鉱物

石英のとても細かい結晶が集合してかたまりになったもの。中でもしま模様が美しいものを瑪瑙といいます。色によっては紅玉髄をカーネリアン、緑玉髄をクリソプレーズという宝石名でよびます。

❶SiO_2 ❷なし ❸7 ❹無色〜白、灰、淡青、黄、緑、紫など
❺白 ❻2.7

◀**玉髄**
ブラックライトを当てると、きれいなピンク色に蛍光する。
／モロッコ産

▲**玉髄**
ブラックライトでピンク色に蛍光をする。右の白い部分は石英が随伴している。／ともにモロッコ産

▼**玉髄**
空洞の中では美しい結晶が育っている。
／モロッコ産

晶洞〔*〕（ジオード）の中を見てみよう！

晶洞として売られている標本。割って中をのぞいてみると、細かい水晶の結晶がキラキラとかがやいて内部をおおいつくしていました。軽いものは内部が空洞であることが多く、重いものの内部はびっしりと瑪瑙でうまっているものが多いようです。

◀**青色玉髄**
青色がさわやかで、しま模様がきれい。
／マラウィ産

スライスされた瑪瑙の模様を見てみよう！

瑪瑙はしま模様が美しく、スライスされ着色されたものがよく売られています。

❶…化学組成式 ❷…劈開 ❸…モース硬度 ❹…色 ❺…条痕 ❻…比重

カーレトン石／カーレトナイト

Carletonite　正方晶系　珪酸塩鉱物

カナダのカーレトン大学によって発見されたため、カーレトナイトと名づけられました。四角い透明な結晶の内部に青色が入っていて、キャンディーのように見えます。

❶$KNa_4Ca_4Si_8O_{18}(CO_3)_4(OH,F)\cdot 8H_2O$ ❷あり ❸4～4.5
❹無色、ピンク、淡青、青 ❺白 ❻2.4

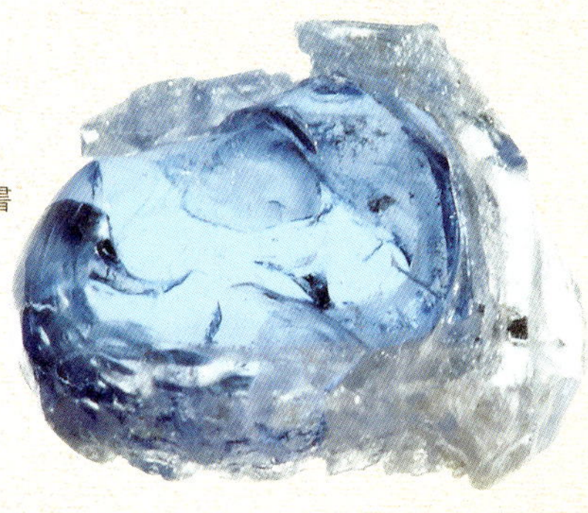

▶カーレトン石
あまり大きな結晶はなく、本書のものは3㎜角ほどのサイズ。／カナダ産

藍方石／アウイナイト

Hauynite　等軸晶系　珪酸塩鉱物

フランスの鉱物学者で結晶学の父とよばれるルネ＝ジュスト・アユイから名づけられました。青色のうすいものはブラックライトでピンク色に蛍光します。産出量が少ないことから、大変希少価値が高く人気です。

❶$Na_6Ca_2Al_6Si_6O_{24}(SO_4)_2$ ❷2方向にあり ❸5
❹白、青、灰 ❺白 ❻2.4～2.5

▲▼天青石
とてもやわらかいため、取りあつかいには要注意。／上：マダガスカル産、下：アメリカ オハイオ州産

◀▼藍方石
左：分離結晶。つぶのサイズはだいたい3㎜角。
下：母岩についたもの。
／ともにドイツ産

天青石／セレスタイト

Celestite　斜方晶系　硫酸塩鉱物

その色合いから英語の「セレスチアル（空の、天国の、すばらしい）」にちなんで、ドイツの鉱物学者ウェルナーにより「セレスタイト（空の色の石）」と名づけられました。また、天青石にふくまれているストロンチウムは燃やすと赤い光を出します。花火の赤い色はストロンチウムによるものです。

❶$SrSO_4$ ❷1方向にあり ❸3～3.5
❹無色～淡青、白、赤、緑、褐色 ❺白 ❻4

鋼玉／コランダム

Corundum　三方晶系　酸化鉱物

アルミニウムの酸化鉱物で、とてもかたいため工業用にも活用されています。じゅんすいな結晶であれば無色です。しかしクロムが混入すると赤くなり、色のこいものをルビー、うすくなるとピンクサファイアといいます。また、チタンや鉄が混入し青色になったものをサファイアといいます。

❶Al_2O_3 ❷なし ❸9 ❹無色、白、赤、ピンク、青など ❺無色 ❻4

▲**鋼玉**
細長い結晶の形は、三方晶系であることが分かる。また、裏や割って中を確認すると、小さな結晶が見つかる。／マダガスカル産

ブラックライトを当てる

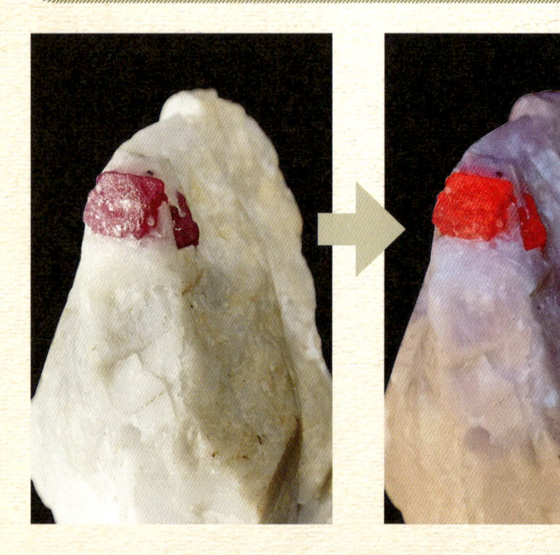

▲**ルビー**
ブラックライトを当てるとあざやかな赤色に蛍光。原因は混入しているクロム元素なので人工結晶のルビーも蛍光する。／ミャンマー産

尖晶石／スピネル

Spinel　等軸晶系　酸化鉱物

マグネシウムとアルミニウムの酸化鉱物。じゅんすいな結晶であれば無色ですが、わずかに混入する不純物により、いろいろな色のスピネルが存在します。

❶$MgAl_2O_4$ ❷なし ❸7.5〜8
❹無色、赤、黄、橙、青、緑など ❺白 ❻3.6

ブラックライトを当てる

▲**尖晶石**
クロム元素が混入した赤い尖晶石もまた、ブラックライトであざやかな赤色に蛍光する。／ミャンマー産

ルビーと赤いスピネルを見分けるコツは結晶の形!

赤い尖晶石はルビーととても似ていることから「ルビースピネル」ともよばれます。もともとの成分が似ているうえ、赤色がともに混入したクロム元素によるため、蛍光色もそっくりです。ルビーは三方晶系ですが、スピネルの結晶は等軸晶系で、八面体、または八面体の面の１つが強調された三角形をしているので、ルーペでよく観察すると区別することができます。

❶…化学組成式 ❷…劈開 ❸…モース硬度 ❹…色 ❺…条痕 ❻…比重

藍晶石／カイヤナイト

Kyanite 三斜晶系　珪酸塩鉱物

縦と横で硬度がちがう二硬性をもつため「二硬石」という別名があります。英名のカイヤナイトは「青色」を意味するギリシャ語から名づけられました。

❶$Al_2O(SiO_4)$　❷3方向にあり　❸4〜7.5　❹灰、青、緑
❺白　❻3.6

◀藍晶石
青色は、鉄もしくはチタンによるもの。／ブラジル産

◀▲トルコ石
母岩〔＊〕をおおい包んでいる水色のまくがトルコ石。カッターでけずると深さは 3㎜ほど。
／ともにアメリカ アリゾナ州産

トルコ石／ターコイズ

Turquoise 三斜晶系　燐酸塩鉱物

英名のターコイズも「トルコの」という意味で、まるでトルコが原産のようですが、じつはトルコでトルコ石は産出されていません。トルコ石の青色は銅による発色で、鉄をふくむと緑色がかってきます。

❶$CuAl_6(PO_4)_4(OH)_8 \cdot 4H_2O$　❷1方向にあり　❸5.5〜6
❹青、緑　❺白〜淡緑　❻2.6〜2.9

▼翠銅鉱
一見するとエメラルドと間ちがえてしまいそうな石。
／ナミビア産

翠銅鉱／ダイオプテーズ

Dioptase 三方晶系　珪酸塩鉱物

ダイオプテーズとは「結晶をすかして劈開が見える」という意味で、ルネ＝ジュスト・アユイによって名づけられました。緑色の岩絵の具原料としても人気が高く、同じ緑色の孔雀石（岩絵の具の名前では緑青）よりも産出量が少ないことから高額で取引されています。

❶$Cu_6Si_6O_{18}/6H_2O$　❷1方向にあり　❸5　❹青緑
❺淡青緑　❻3.2〜3.3

▲トパーズ
柱状のオレンジ部分。／ブラジル産

▲ブルートパーズ
ブルートパーズとして流通しているものの多くは放射線照射によって発色させたものが多く、天然のものはあわいブルーのものばかり。／ブラジル産

黄玉／トパーズ

Topaz　斜方晶系　珪酸塩鉱物

弗素とアルミニウムをふくみ、ホワイトトパーズやピンクトパーズといった、さまざまな色があります。和名は黄玉ですが、日本ではほとんど黄色のトパーズは産出されません。

❶$Al_2SiO_4(F,OH)_2$　❹1方向にあり　❸8
❹無色、黄、褐色、ピンク、青など　❺白　❻3.4～3.6

リチア電気石／エルバイト

Elbaite　三方晶系　珪酸塩鉱物

リチウムをふくむ電気石で、赤色が特にきれいなものをルベライトといいます。また輪切りにしたとき、内部とフチの色が異なっているものがあり、スイカの輪切りのように見えるのでウォーターメロンともよばれています。

❶$Na(Li,Al)_3Al_6(BO_3)_3Si_6O_{18}(OH,F)_4$　❷なし　❸7～7.5
❹緑、青、ピンク、赤、黄、褐色など　❺白　❻2.9～3.1

▶リチア電気石
白い部分は石英、ピンクの結晶が電気石。
／アフガニスタン産

灰電気石／ウバイト

Uvite　三方晶系　珪酸塩鉱物

名前は原産地のスリランカのウバ州からきています。「灰」はカルシウム（Ca）を表します。

❶$CaMg_3(Al_5Mg)(BO_3)_3Si_6O_{18}(OH)_4$　❷なし　❸7.5
❹黒、深緑、黒褐色　❺褐色　❻3

▶灰電気石
六角形をした平たい結晶。三方晶系・六方晶系に見られる形。／ブラジル　ブルマド産

表と裏で形がちがう!?

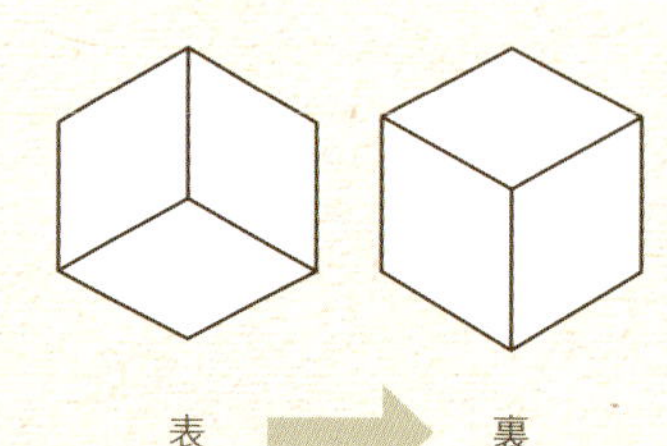

灰電気石
ブラジルのブルマドで産出された形。結晶の両はしの形状がちがう「異極晶」。柱面がなく両はしの錘面が接しているのが特ちょうです。表と裏をよく見比べるとりょう（角）の部分の位置がずれていることが分かります。

宝石の砂つぶ電気石

電気石は鉱物のグループ名です。「リチア電気石」、「苦土電気石」、「鉄電気石」など11種類が属しており、色によって青色をインディゴライト、ピンク色をルベライトというよび方もあります。電気石の英名、トルマリンはスリランカ語で「宝石の砂つぶ」という意味をもつ Turamail が語源となっています。

蛋白石／オパール

Opal　非晶質　珪酸塩鉱物

オパールは非結晶ですが、鉱物に分類されます。遊色効果が際立つものを「プレシャスオパール」、遊色効果がないか、あっても分かりづらいものを「コモンオパール」といいます。

➡ P.58 浸してみよう！

❶$SiO_2 \cdot nH_2O$　❷なし　❸6　❹無色、白、黄、橙、赤など　❺白　❻2.1

▶蛋白石
にじ色にかがやく、白ベースのオパール。／エチオピア産

▶ボルダーオパール
岩石のすき間に入りこんでいるような原石。これを注意しながら研磨し、宝石にする。／オーストラリア産

◀玉滴石
オパールの中でも宝石にはされないが少し変わったものがある。岩の表面にその名のとおり水滴のようについたもので、ルーペで観察すると表面に流れるような模様がある。また、ブラックライトで蛍光する。／メキシコ産 ➡ P.69 光を当ててみよう！

金剛石／ダイヤモンド

Diamond　等軸晶系　元素鉱物

炭素元素からなる元素鉱物。同じ元素からなる鉱物には「石墨」があります。石墨はえん筆のしんの原料です。ダイヤモンドがモース硬度10で、最もかたい鉱物なのに対し、石墨は1でとてもやわらかいです。

❶C　❷4方向にあり　❸10　❹無色、白、黄、ピンクなど　❺無色　❻3.5

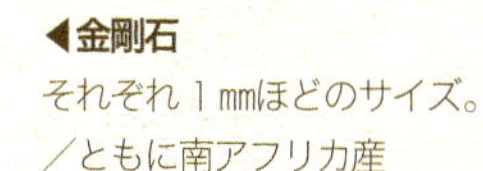

◀金剛石
それぞれ1㎜ほどのサイズ。／ともに南アフリカ産

▶金剛石
天然のダイヤモンドの結晶。等軸晶系特有の八面体をしている。／ザンビア産

燐灰石／アパタイト

Apatite　六方晶系　燐酸塩鉱物

燐灰石は石榴石や電気石と同じく、鉱物のグループ名で「弗素燐灰石」「塩素燐灰石」「水酸燐灰石」の3つに分けられます。動物の骨や歯の主成分も水酸燐灰石です。最近では、水酸燐灰石を使った人工骨の開発が進められています。

❶$Ca5(PO_4)_3(F,CL,OH)$　❷なし　❸5
❹無色、白、緑、青、黄、褐色、緑など　❺白　❻3.1～3.2

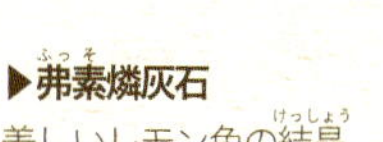

▶弗素燐灰石
美しいレモン色の結晶。／メキシコ産

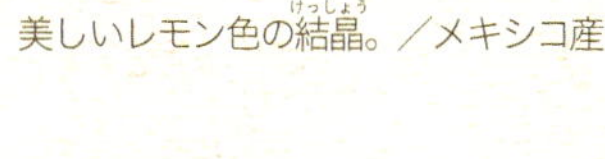

ダイヤモンドは割れやすい！ 燃えやすい！

ダイヤモンドは完全な劈開を持ちます。そのため、とてもかたいですが、劈開を利用して分割することができます。また、どんなに結晶構造ががんじょうでも成分は炭素で、さらに地下の深部から急上しょうしてできたものなので、地上では不安定な状態にあります。そのため高温にさらされると石墨に変化したり、高温で酸素と反応し気化〔*〕してしまいます。

鉱石鉱物

金属の原料となるものや工業原料・材料になる鉱物を「鉱石鉱物」といいます。たとえば鉄を取るための鉱物には磁鉄鉱や赤鉄鉱などがあり、これらの鉱物や鉄をふくむ岩石をまとめて「鉄鉱石」とよびます。

❶…化学組成式 ❷…劈開 ❸…モース硬度 ❹…色 ❺…条痕 ❻…比重

ブロシャン銅鉱／ブロシャンタイト

Brochantite

単斜晶系　硫酸塩鉱物

結晶は針状もしくは柱状の放射状の集合体です。孔雀石やアントレー鉱とよく似ていて、みな銅の二次鉱物〔*〕です。英名はフランスの地質学者ブロシャン・ド・ビリエにちなむ。

❶$Cu_4SO_4(OH)_6$ ❷1方向にあり ❸3.5～4 ❹緑～青
❹淡緑 ❺4

◀ブロシャン銅鉱
細かい結晶が放射状に広がっている。／メキシコ産

▲孔雀石
しま模様のある塊状で産出されることが多いが、これは放射状にのびた結晶が美しい。／コンゴ産

孔雀石／マラカイト

Malachite

単斜晶系　炭酸塩鉱物

藍銅鉱と同じく銅の二次鉱物〔*〕で、岩絵の具の材料としても利用されています。色の名前は「緑青」。銅製品につくサビを緑青といい、成分は孔雀石と同じです。しま模様が美しいものは宝石に加工されます。

❶$Cu_2(CO_3)(OH)_2$ ❷1方向にあり ❸3.5～4 ❹緑
❺淡緑 ❻4

孔雀石とブロシャン銅鉱の見分け方

細かい結晶が放射状に集合している孔雀石とブロシャン銅鉱。見た目がそっくりでなかなか区別がつきませんが、硫酸をかけると見分けがつきます。孔雀石はアワを出しながら溶けますが、ブロシャン銅鉱はアワを出さずに溶けます。

藍銅鉱（らんどうこう）／アズライト

Azurite

単斜晶系　炭酸塩鉱物

古くから「群青」とよばれ、岩絵の具の原料とされてきました。銅の鉱床〔*〕が風化した部分にできる銅の二次鉱物〔*〕です。同じようにできる鉱物に孔雀石があり、共存している標本や藍銅鉱の内部が孔雀石化しているものなどがあります。

❶$Cu_3(CO_3)_2(OH)_2$　❷1方向に完全　❸4　❹青　❺青
❻3.8

▶藍銅鉱
青い部分が藍銅鉱、緑の部分が孔雀石で合体している。／モロッコ産

▶藍銅鉱
アズライトとはギリシャ語で「青」を意味する。小さな結晶が球状になったものもある。
／アメリカ ユタ州産

➡P.57 割ってみよう！

▶岩塩
柱状の石膏の結晶の上に四角い岩塩が成長している面白い結晶。ブラックライトでピンク色に蛍光をする。
／ポーランド産

◀岩塩
劈開片。結晶構造のゆがみのため、青色に見える。
／ポーランド産

▶岩塩
本来は立方体の結晶だが、骸晶〔*〕となっているためこのような段差がついている。／アメリカ カリフォルニア州産

岩塩（がんえん）／ハーライト

Halite

等軸晶系　ハロゲン化鉱物

食塩として利用されるほか、ナトリウムの原料にもなります。本来は無色ですが、ピンクや青い岩塩も多く存在します。これらは鉄や硫黄などの不純物が混入している場合と、放射線によって結晶構造に変化が起き、一定の波長の光を吸収した結果、色づいて見える場合があります。

➡P.71 光を当ててみよう！

❶NaCl　❷3方向にあり　❸2
❹無色～白、青、紫、ピンクなど　❺白　❻2.2

蛍石(ほたるいし)／フローライト

Fluorite

等軸晶系　ハロゲン化鉱物

化学組成式どおりであれば無色ですが、実際にはさまざまな色の蛍石が存在します。色の原因はわずかにふくまれる不純物で、希土類元素〔*〕をふくむ場合はブラックライトで蛍光します。ほとんどの蛍石は加熱すると、はじけて発光します。

➡ P.62 加熱してみよう！／P.68 光を当ててみよう！

❶CaF_2 ❷4方向にあり ❸4 ❹無色、紫、ピンク、緑など ❺白 ❻3.2

▶蛍石
石英の衣におおわれている。酸でその一部を溶かしたもの。
／南アフリカ産

▲蛍石
金色の黄鉄鉱が随伴したふしぎな形をした標本。／スペイン産

▼蛍石
さわやかな青緑色の小さな結晶が集まった標本。ブラックライトで青色に蛍光する。／スペイン産

▼蛍石
メキシコではいろいろな色の蛍石が産出する。これは八面体結晶でメキシコを代表するもの。
／メキシコ産

◀蛍石
2014年7月のフランスで行われたサンマリーショーで初お目見えの新産鉱物〔＊〕。見た目は黒っぽいが光にかざすととても深い青色。ルーペで観察すると六面体でフチが丸くなった面白い形をしている。
また透明の部分は石英。
／モンゴル産

▼▲しま状蛍石
大きなかたまりを割った標本。美しいしまをみせるために研磨されているものが多く流通してるが、これはまだ磨くまえのもの。／ともにアルゼンチン産
➡P.60 磨いてみよう！

▲蛍石
ナミビア産はおくの色と表面の色が異なるものが多いため、ライトアップすると、とてもきれい。／ナミビア産

▶蛍石
エメラルドグリーンの結晶。
ブラックライトで青色に蛍光する。
／南アフリカ産

フルオレッセンスとは何だ!?

フルオレッセンスとは「蛍光」という意味です。蛍石が自然光にふくまれる紫外線で強い光を放っていたことから、「蛍光」という現象が「フローライト」を語源にして「フルオレッセンス」というようになりました。

▶赤鉄鋼
モコモコとした不思議な形が人気。美しいものは宝石としても加工される。／モロッコ産

赤鉄鉱／ヘマタイト

Hematite　三方晶系　酸化鉱物

育ち方によっていろいろな形をしているため、それぞれによび名があります。接しょく変成作用によってできた雲母状の結晶が集合している「雲母鉄鉱」、火山ガスが昇華〔*〕して結晶した「鏡鉄鉱」、水中の鉄分が底にしずんだ場所からは「腎臓状赤鉄鉱」などが採れます。

❶Fe_2O_3 ❷なし ❸5.5 ❹赤、黒 ❺赤褐色、黒など ❻5.3

▶バナジン鉛鉱
ひとつひとつの結晶が六角形をしている。
／モロッコ産

バナジン鉛鉱／バナジナイト

Vanadinite　六方晶系　バナジン酸塩鉱物

「褐鉛鉱」ともよばれていましたが、オレンジ色や灰色などもあり、最近ではバナジン鉛鉱とつけられているものが多い。鉛の鉱石でもあり、燐灰石グループに属します。

❶$Pb_5(VO_4)_3Cl$ ❷なし ❸3 ❹赤、橙、黄褐、灰など ❺淡黄 ❻6.9

黄鉄鉱／パイライト

Pyrite　等軸晶系　硫化鉱物

鉄と硫黄からなる鉱物。金色光たくが美しいため金と間ちがわれることが多く「愚者の金（Fool's Gold）」「ネコの金（Cat's Gold）」などともよばれます。等軸晶系となりますが、球体に結晶する場合もあります。

❶FeS_2 ❷なし ❸6～6.5 ❹金、黄 ❺緑～黒 ❺5

◀▼黄鉄鉱
左：立方体の結晶。
下：十二面体の結晶。
／ともにスペイン産

方鉛鉱／ガレナ

Galena　等軸晶系　硫化鉱物

重要な鉛の鉱石鉱物です。六面体の結晶として産出することが多い。完全な六面体でないものも、階段のようにデコボコになっていて、段差がない部分は格子の模様のように見えます。

❶PbS ❷3方向にあり ❸2.5 ❹鉛灰 ❺鉛灰 ❻7.6

◀方鉛鉱
劈開が完全なので割ると角が90°の六面体。
／アメリカ ミズーリ州産

▶白鉛鉱
雪の結晶のようなこの形状はナミビアのツメブ鉱山のものが有名だが、最近ではイランやモロッコからもこのような美しい標本が産出する。／モロッコ産

白鉛鉱／セルサイト

Cerussite　斜方晶系　炭酸塩鉱物

炭酸塩鉱物の一種で、あられ石グループの鉱物です。オレンジ色のウロコのような板状結晶が並んでいるものや、星のようになった双晶〔*〕もあります。

❶$PbCO_3$　❷3方向にあり　❸3～3.5　❹無色、白　❺白　❻6.6

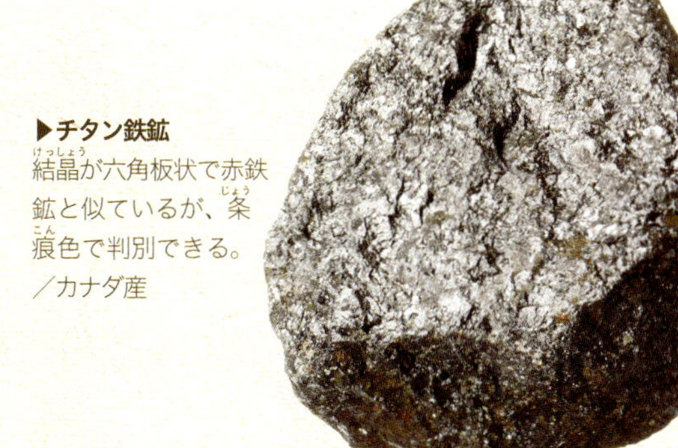

▶チタン鉄鉱
結晶が六角板状で赤鉄鉱と似ているが、条痕色で判別できる。／カナダ産

チタン鉄鉱／イルメナイト

Ilmenite　三方晶系　酸化鉱物

チタンの鉱石鉱物です。チタンは軽くてサビないので、メガネのフレームやロケットなど、さまざまなものに使われています。

❶$FeTiO_3$　❷なし　❸5.5　❹黒　❺黒　❻4.7

紅亜鉛鉱／ジンカイト

Zincite　六方晶系　酸化鉱物

亜鉛の酸化物という単純な鉱物ですが大変希少で、標本は天然のものより工場から採取したもののほうが多く流通しています。肉眼では珪亜鉛鉱との区別が難しいのですが、短波のブラックライトで蛍光するほうが珪亜鉛鉱で蛍光しないものが紅亜鉛鉱です。

❶ZnO　❷1方向にあり　❸4　❹赤、橙　❺黄橙　❻5.6

▶紅亜鉛鉱
アメリカのニュージャージー州にあるフランクリン鉱山やスターリングヒル鉱山などで大量に産出されていたが閉山しており、現在2つの鉱山はともに博物館となっている。／アメリカ ニュージャージー州 フランクリン鉱山産

磁鉄鉱／マグネタイト

Magnetite　等軸晶系　酸化鉱物

名前からも分かるとおり強い磁性を持ちます。砂鉄も磁鉄鉱なので、倍率の高いルーペやけんび鏡で見ると八面体の結晶となっています。

❶Fe_3O_4　❷なし　❸5.5～6　❹黒　❺黒　❻5.2

▲磁鉄鉱
磁力があるのでクリップなどがくっつく。酸化しやすく、さびると赤黒くなる。／オーストラリア産

砂鉄を集めてみよう!

磁石をビニールぶくろに入れ砂の中でかき混ぜると砂鉄がくっついてきます。トレイの上でふくろから磁石を取り出せば、くっついていた砂鉄がトレイの上にパラパラと落ちます。砂鉄集めは比重の大きい鉱物や元素が集まっている浅砂鉱床でするのがおすすめです。砂のある場所が近くになければ、ホームセンターや100均で売られている川砂からでも砂鉄を取ることができます。

石膏／ギプス

Gypsum

単斜晶系　硫酸塩鉱物

工作での型取りなどで使う「石膏」や、骨折したときに固定するための「ギプス」として多くの人が知っていると思います。これらの石膏やギプスは焼石膏です。また、繊維状の集合結晶を繊維石膏、つぶ状のものを雪華石膏、特に透明なものを透石膏といいます。

❶$CaSO_4 \cdot 2H_2O$　❷1方向にあり　❸2
❹無色〜白、淡黄、淡褐色など　❺白　❻2.3

▶バラ状石膏
放射状に結晶が育ちバラの花のようになったもの。いがぐり状石膏と同じ産地だが、大きさや色がちがうので別の名前で売られていた。「バラ状」「いがぐり状」とは、あだ名のようなもの。／ともにドイツ産

▲石膏
「さばくのバラ」とよばれる形状。さばくのオアシスが干上がって、そこにあったミネラルが結晶してこのような形になる。このほか、重晶石にも同様な形状になるものがある。／メキシコ産

▶いがぐり状石膏
割ると中心から外に向けて結晶が生えていることが分かる。／ドイツ産
➡ P.57 割ってみよう

▲緑石膏
しばふのような結晶。／オーストラリア産

◀透石膏
メキシコにある透石膏のナイカ鉱山はクリスタル（結晶）の洞くつとして有名。大きく成長した半透明の結晶にライトを当てた映像はとても美しく「マリアのガラス」という別名もある。魚のおびれのような形をした双晶〔*〕は「フィッシュテール」ともよばれる。／メキシコ ナイカ鉱山産

重晶石／バライト

Barite

斜方晶系　硫酸塩鉱物

バリウムの重要な鉱石鉱物。胃の検査のときに飲むバリウムと同じ成分（硫酸バリウム）です。似たものに炭酸バリウムからなる毒重石（➡P.51）という鉱物がありますが、これはその名前のとおり飲むと危険です。

❶$BaSO_4$　❷3方向にあり　❸3～3.5
❹無色～白、淡黄、淡青など　❺白　❻4.5

▶重晶石
黄色の透明な結晶のペルー産、わずかにピンクがかったイタリア産などさまざまな色がある。中でもモロッコ産の水色がかった透明な標本は人気。／モロッコ産

▼重晶石
重晶石には透明感のある結晶が多いが、さばくの砂のせいでこのような色になっている。
／モロッコ産

錫石／キャシテライト

Cassiterite

正方晶系　酸化鉱物

錫の成分を80％ふくむ重要な鉱石鉱物です。風化に強く比重が大きいため、砂が体積する中に混ざっていることもあり、砂錫ともよばれます。

❶SnO_2　❷なし　❸6.5　❹褐色～黒　❺淡黄　❻7

▶錫石
金属のような光たくがあるのが特ちょう。／ボリビア産

砂錫から錫を取り出してみよう!

バーベキューのときなど、赤くなった炭を１つもらい、その上に砂錫（錫石の細かいもの）を置いてみましょう。錫石の化学組成式はSnO_2です。錫（Sn）に酸素（O）が結びついていますね。つまり錫が酸化した状態なのです。これを熱された炭の上に置くことで錫石の酸素（O）と炭の炭素（C）が結びついて二酸化炭素（CO_2）が発生し、還元〔*〕されてうまくいくと錫が取り出せるのです。

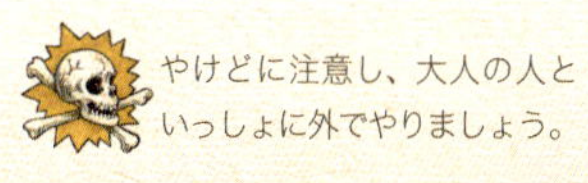

やけどに注意し、大人の人といっしょに外でやりましょう。

❶…化学組成式　❷…劈開　❸…モース硬度　❹…色　❺…条痕　❻…比重

▶自然蒼鉛
天然のビスマスは人工結晶に比べてとても地味。／ボリビア産

▶人工蒼鉛
人工結晶は自然蒼鉛とはまったくちがう色形をしている。にじ色の干渉色が美しく人気がある。
➡P.72 作ってみよう！

自然蒼鉛／ネイティブ ビスマス

Native bithmuth 三方晶系 元素鉱物

ビスマスの金属鉱物。鉛よりも比重が大きく、産出されたときは、ややあわい赤みを帯びた銀白色をしていますが、空気中では酸化により暗色へと変化します。ビスマスは人工蒼鉛のほうが多く、天然のビスマスにはなかなか出会えません。

❶Bi ❷1方向にあり ❸2～2.5 ❹銀白 ❺銀白 ❻9.8

辰砂／シナバー

Cinnabar 三方晶系 硫化鉱物

水銀の鉱石鉱物ですが、現在日本では水銀鉱石からの精錬〔*〕は行っていません。中世ヨーロッパの錬金術師には、非金属のものを金に変えられる石「賢者の石」は辰砂であると考える人も多くいました。

❶HgS ❷3方向にあり ❸2～2.5 ❹深紅 ❺紅 ❻8.2

◀辰砂
日本では「丹」とよばれ、古くから顔料にも多く使われてきた。／中国産

自然水銀／ネイティブマーキュリー

Native mercury 非晶質 元素鉱物

金属でありながら常温では液体という特別な性質を持つ水銀の重要な元素鉱物です。水銀はとても毒性が強く、現在ではあまり使われていません。

❶Hg ❷なし ❸常温で液体なのでなし ❹銀白
❺常温で液体なのでなし ❻13.6

▶自然水銀
水銀の鉱石鉱物。辰砂とともに産出する場合が多く、この標本を割ると矢印部分から水銀が出る。
／スペイン産

日本には世界的に有名な水銀鉱山があった!

イトムカ鉱山は現在の北海道北見市にあった水銀の鉱山です。辰砂が発見されたことから採くつが開始されました。採くつのメインは辰砂でしたが、いっしょに良質な水銀も大量に採れる世界でもめずらしい水銀の鉱山でした。33年の歴史を経て、昭和49年に採くつが中止されました。

❶…化学組成式 ❷…劈開 ❸…モース硬度 ❹…色 ❺…条痕 ❻…比重

異極鉱／ヘミモルファイト

Hemimorphite　斜方晶系　珪酸塩鉱物

名前の由来は結晶の両極（両はし）で形が異なるからです。片方がとがっていて片方が平らな形をしています。母岩〔*〕から生えているものが多いので、なかなか両極をそろって確認することはできませんが、たくさんある結晶を観察すると、とがっているものと平らなものがあることが分かります。

❶$Zn_4(Si_2O_7)(OH)_2 \cdot H_2O$　❷2方向にあり　❸5
❹無色～白、淡青、淡黄　❺白　❻3.5

▶異極鉱
青色は、ほんの少しふくまれた銅による発色。／中国産

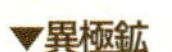

▼異極鉱
透明な結晶が異極鉱。ひとつひとつの結晶をよく見ると先の形がちがっている。／メキシコ産

◀自然金
石英とともに採くつされたもの。見た目は金色だが銀が多くふくまれている。／アメリカ ネバダ州産

自然金／ネイティブゴールド

Native gold　等軸晶系　元素鉱物

山で採れる金は銀との固溶体を形成していて、銀をふくんでいる場合が多く見られます。一方、川で採取できる砂金は銀のふくまれる割合が低いという特ちょうがあります。

❶Au　❷なし　❸2.5～3　❹黄金　❺黄金　❻19.3

▶菱マンガン鉱
マンガンの鉱石鉱物だが、美しいものはインカローズという名前で宝石としても人気がある。／ペルー産

菱マンガン鉱／ロードクロサイト

Rhodochrosite　三方晶系　炭酸塩鉱物

南アメリカで多く産出されますが、原産地はルーマニアで1813年に発見されました。和名の「菱」はその結晶の形を表しており、菱型の六面体をしていて、劈開を利用し割っても方解石に似た、ややゆがんだ六面体になります。

❶$MnCO_3$　❷3方向にあり　❸4　❹ピンク、赤など　❺白
❻3.7

自然硫黄／ネイティブサルファー

Native sulfur　斜方晶系　元素鉱物

火山のふん気こうで、火山性ガスにふくまれる硫化水素と二酸化硫黄が急速に冷やされて生成しています。ほかにも急速に結晶が成長するため骸晶〔*〕となっている場合が多くあります。金属を近くに置くと黒く変色させる（硫化作用）ので注意が必要。しっかり閉められる容器で保管しましょう。

❶S ❷なし ❸1.5～2.5 ❹黄、褐 ❺白 ❻2.1

▶自然硫黄
ロシアやイタリアのシシリー島の結晶は大きく育つものが多い。／ロシア産

▲自然硫黄
左上：成長が早かったため透明度が低い。／ボリビア産
右上：透明度が高く、大きく結晶しているのでゆっくり育ったことが分かる。／ロシア産

ゆっくり冷やされると透明度の高い硫黄ができる！

火山のふん気こう付近に結晶する硫黄は急冷するため大きな結晶ができませんが、ゆっくり結晶すると透明度の高い標本になります。黄色い部分が硫黄、あわい青が天青石、白い部分は水晶。／アメリカ ミシガン州産

滑石／タルク

Talc　単斜晶系・三斜晶系　珪酸塩鉱物

やわらかい鉱物なのでつめで簡単にキズをつけることができ、また結晶を折り曲げることもできます。薄片状結晶の集合体標本が多く、不純物によりあわい緑やピンクなどになります。やわらかいためカッターでうすくスライスすることもできます。

❶$Mg_3Si_4O_{10}(OH)_2$ ❷1方向にあり ❸1 ❹白～淡緑など ❺白 ❻2.8

▶滑石
化しょう品や紙、チョーク、食品てん加物、医薬品などに使われている。／オーストラリア産

胆礬／カルカンサイト

Chalcanthite　三斜晶系　硫酸塩鉱物

硫酸銅の鉱石鉱物です。海外で作られた人工結晶が多く売られています（→P.81）。人工結晶は三斜晶系ならではの形をしていますが、天然に産出するものはつらら状のものが多く、銅の鉱山の天じょうやかべから生えていて「青いしょう乳石」とよばれています。

❶$CuSO_4 \cdot 5H_2O$ ❷なし ❸2.5 ❹青 ❺白 ❻2.3

▲胆礬
青い霜柱のような結晶。
／アメリカ アリゾナ州産

そのほかの鉱物

鉱物には、まだまだ面白い形や色のものがたくさんあります。ここでは、宝石鉱物にも鉱石鉱物にも分類されなかったものをしょうかいします。

❶…化学組成式 ❷…劈開 ❸…モース硬度 ❹…色 ❺…条痕 ❻…比重

白雲母／モスコバイト

Muscovite　単斜晶系（擬六方晶系）　珪酸塩鉱物

カリウムとアルミニウムを主成分とする雲母です。単斜晶系ですが六角形になるため六方晶系のようにみえます。

❶$KAl_2(AlSi_3O_{10})(OH,F)_2$ ❷1方向にあり ❸2.5 ~3.5
❹無色～白、淡緑、淡ピンク、淡黄など ❺白 ❻2.8

◀白雲母
単斜晶系だが六角形になるため六方晶系のようにみる。／ブラジル産

リチア雲母／レピドライト

Lepidolite　単斜晶系　珪酸塩鉱物

形状から鱗雲母あるいは色から紅雲母ともよばれることがあり、ピンク色はわずかにふくまれたリチウムによるものです。

❶$K(Li,Al)_3[(Si,Al)_4O_{10}](F,OH)_2$ ❷1方向にあり
❸2.5～3.5 ❹灰、ピンク、紫など ❺白 ❻2.8

▼リチア雲母
ピンク色のリチア雲母の内部にあわい透明な雲母がひし形に入っている。この部分もリチア雲母。
／ブラジル産

▲リチア雲母
丸味を帯びている結晶がウロコのように重なっている。／ブラジル産

金雲母／フロゴパイト

Phlogopite　単斜晶系　珪酸塩鉱物

金雲母のマグネシウム（Mg）が鉄（Fe）に置きかわると鉄雲母になります。金雲母と鉄雲母は連続固溶体をつくっています。マグネシウムが多いと黄色が増し、鉄が多くなると黒っぽくなります。これらすべてまとめて「黒雲母」ともいいます。

❶$KMg_3(AlSi_3O_{10})(F,OH)_2$ ❷1方向にあり ❸2～2.5
❹無色～黄褐色、暗褐色～黒褐色など ❺白 ❻2.8～2.9

◀金雲母
かなり黒色が強いので鉄分が多い。結晶は紙のようにうすくはがすことができる。／ロシア産
➡P.55 割ってみよう

星型白雲母／スターマイカ

Star mica　単斜晶系　珪酸塩鉱物

やさしい金色で星型をした結晶になるのでスターマイカとよばれます。星型になるのは双晶〔*〕のためです。

❶$KAl_2(AlSi_3O_{10})(OH,F)_2$ ❷1方向にあり ❸2.5 ~3.5
❹無色～白、淡緑、淡ピンク、淡黄など ❺白 ❻2.8

▶星型白雲母
母岩〔*〕から生えているものが多いので、星型の一部に見える。完全な形であれば６つの角を持つ六芒星、いわゆるダビデの星型となる。／ブラジル産

「雲母（Mica）」はグループ名。造岩鉱物の1つ！

中国では昔、雲母が雲の「もと」と考えられていたことから名づけられました。また日本ではキラキラしているため「きらら」ともよばれています。そのキラキラにより和紙の、雲母引や、岩絵の具、そして「マイカパウダー」という名前でおしろいなどにも使われます。断熱にすぐれていて割れにくいためストーブの窓材など、いろいろな使い道があるのですが、金属や工業用原料ではないため、鉱石鉱物にふくまれません。

▶輝沸石
玄武岩の晶洞の中にできた結晶。美しい光たくがあるので輝沸石と名づけられた。／インド産

▶南極石
火星にも存在する。／アメリカ カリフォルニア州 ブリストル湖産

輝沸石／ヒューランダイト

Heulandite 単斜晶系 珪酸塩鉱物

輝沸石とはグループ名で「灰輝沸石」、「ストロンチウム輝沸石」、「ソーダ輝沸石」、「カリ輝沸石」などが属します。輝沸石の結晶構造のすき間には水が入っていて、この水を「格子水」といいます。加熱すると水が分離し、その様子が沸とうしているようなので、沸石と名づけられました。

❶$NaCa_4(Si_{27}Al_9)O_{72}\cdot 24H_2O$ ❷1方向にあり ❸4 ❹無色～白、淡ピンク、淡黄、赤褐色など ❺白 ❻2.1～2.3

南極石／アンタークティサイト

Antarcticite 三方晶系 ハロゲン化鉱物

南極大陸にあるヴィクトリアランドドンフアン池で最初に見つかったため、南極石と名づけられました。英名も「南極大陸」という意味の英語「アンタークティカ」が語源です。融点〔*〕が25℃なので、結晶を観察する容器に入れ、冷蔵庫で保管する必要があります。

❶$CaCl_2\cdot 6H_2O$ ❷2方向にあり ❸2～3 ❹無色 ❺白 ❻1.7

▼▶弗素魚眼石
劈開面が魚の眼のような光たくを放つことから、魚眼石と名づけられた。／ともにインド産

白い部分が束沸石。ガラスやしんじゅに似た光たくが特ちょう。／インド産

弗素魚眼石／アポフィライト

Apophyllite 正方晶系 珪酸塩鉱物

魚眼石とはグループ名で「弗素魚眼石」、「水酸魚眼石」、「ソーダ魚眼石」がそれに属しており、いっぱん的には弗素魚眼石をさします。弗素魚眼石と水酸魚眼石はともに正方晶系ですが、岡山県で発見されたソーダ魚眼石は斜方晶系です。

❶$KCa_4Si_8O_{20}(F,OH)\cdot 8H_2O$ ❷1方向にあり ❸5 ❹無色、白、緑、黄、ピンクなど ❺白 ❻2.3～2.4

束沸石／スチルバイト

Stilbite 単斜晶系 珪酸塩鉱物

束沸石もまたグループ名で、「灰束沸石」や「ソーダ束沸石」がこれに属します。板柱状の結晶が束になっているので束沸石と名づけられました。

❶$NaCa_4(Si_{27}Al_9)O_{72}\cdot 28H_2O$ ❷1方向にあり ❸3.5～4 ❹白、ピンク、黄、褐色など ❺白 ❻2.2

苦土毛礬／ピッケリンジャイト

Pickeringite　単斜晶系　硫酸塩鉱物

「苦土」はマグネシウム（Mg）のことで、マグネシウムをふくむ毛礬を「苦土毛礬」といいます。鉄（Fe）をふくんだ「鉄毛礬」などもありますが、どちらにも固溶体が存在します。また水に溶けやすい性質を持っています。

❶$MgAl_2(SO_4)_4 \cdot 22H_2O$　❷なし　❸1.5　❹無色、白　❺白　❻1.7〜1.8

▲苦土毛礬
毛状の集合体で産出する。絹糸のような光たくがある。／インド産

オーケン石／オーケナイト

Okenite　三斜晶系　珪酸塩鉱物

グリーンランドで発見され、ドイツの自然研究家ローレンツ・オーケンに名づけられました。分離結晶や玄武岩の晶洞に入っているもの、ブドウ石に随伴したものなどがあります。

❶$Ca_5Si_9O_{23} \cdot 9H_2O$　❷1方向にあり　❸4.5〜5
❹無色、白、淡黄、淡青　❺白　❻2.2〜2.4

◀オーケン石
玄武岩の晶洞に入っている。フワフワで白い結晶がオーケン石で、かたいものがギロル石。インドの近代化によって産出量は激減している。／インド産

ホーランド鉱／ホーランダイト

Hollandite　単斜晶系　酸化鉱物

名前はインド地質調査所の所長だったホランドにちなみます。風化したマンガン鉱床で多く採れるのですが、最近では水晶に黒い星のように入っている標本が多く流通しています。

❶$BaMn_8O_{16}$　❷あり　❸4〜6　❹黒　❺黒　❻4.7〜5

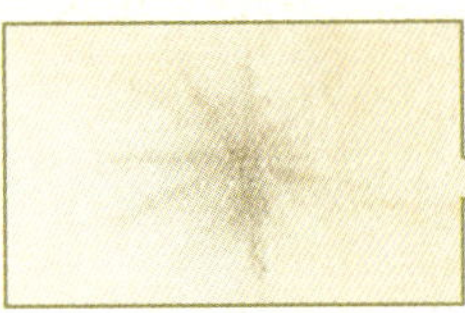

▲ホーランド鉱
放射状のホーランド鉱結晶が星のように入っている。アメリカではスパイダー水晶といわれる。／マダガスカル産

方解石／カルサイト

Calcite　三方晶系　炭酸塩鉱物

化学組成式どおりであれば無色ですが、少しの不純物によってピンクや青、緑などいろいろな色になります。劈開が完全で、マッチをおしつぶしたような劈開片も多く売られています。

❶$CaCO_3$　❷3方向にあり　❸3　❹無色〜白、灰、ピンクなど　❺白　❻2.7

▶マンガン方解石
フランクリン鉱山では蛍光鉱物が多く産出される。／アメリカ ニュージャージー州フランクリン鉱山産
➡ P.71 光を当ててみよう！

◀方解石
エルムウッド鉱山のアメ色（金色）の犬牙状〔＊〕方解石は世界ランク。母岩〔＊〕の閃亜鉛鉱もルビージャックとよばれて人気が高い。／アメリカ エルムウッド鉱山

「大理石」は方解石からできている！

方解石は石灰岩の主成分です。じつは、しょう乳洞のしょう乳石も方解石でできています。マグマが石灰岩にふれてできた美しい石は「大理石」とよばれています。

❶…化学組成式　❷…劈開　❸…モース硬度　❹…色　❺…条痕　❻…比重

▶銀星石
放射状の結晶。標本をよく観察すると球状の小さな結晶も見られる。／ブラジル産

銀星石／ワーベライト

Wavellite　斜方晶系　燐酸塩鉱物

1805年にイギリスのデヴォンで発見され、英名は発見者のウィリアム・ワーベルにちなみます。球状の集合結晶が多く、球状の内部は細い針状結晶が放射状になっています。和名は銀星石ですが、標本には緑や黄色のものも多くあります。

❶$Al_3(PO_4)_2(OH,F)_3 \cdot 5H_2O$ ❷2方向にあり ❸3.5～4
❹無色、黄緑、黄 ❺白 ❻2.4

▲ルドジバ石
青緑色の部分がルドジバ石。／メキシコ産

ルドジバ石／ルドジバイト

Ludjibaite　三斜晶系　燐酸塩鉱物

名前はコンゴ民主共和国のルドジバ山にて、1887年に発見されたことにちなみます。ライヘンバッハ石や偽孔雀石と同じ化学組成（同質異像）です。

❶$Cu_5(PO_4)_2(OH)_4$ ❸4～4.5 ❹青緑

アホー石／アジョイト

Ajoite　三斜晶系　珪酸塩鉱物

名前は原産地であるアメリカ アリゾナ州 アホーにちなみます。アホー地区の鉱山は銅の採くつがメインでしたが現在は閉山しています。原産地でしか採れない希産鉱物〔*〕でしたが、水晶の中に入ったアホー石が南アフリカで発見され、現在では随伴したものが多く見られます。

❶$K_3Cu^{2+}20Al_3Si_{29}O_{76}(OH)_{16} \cdot 8H_2O$ ❷あり ❸3.5
❹青緑 ❺淡緑 ❻2.9

▶アホー石
美しい青緑色をした原産標本。／アメリカ アリゾナ州 アホー産

ローザ石／ローザサイト

Rosasite　単斜晶系　炭酸塩鉱物

名前はイタリアのサルジニア島にあるローザ鉱山で発見（1908年）されたことにちなみます。日本では亜鉛孔雀石ともよばれていました。

❶$(Cu^{2+},Zn)_2(CO_3)(OH)_2$ ❷2方向にあり ❸4.5
❹青、青緑、淡青など ❺淡緑 ❻4～4.2

▶ローザ石
あざやかな青緑色の細い結晶が花のように丸く集合している。表面についている透明な結晶は透石膏。／モロッコ産

▲シャタック石
ベルベットのような細かい針状の結晶が密集した状態。／アメリカ アリゾナ州産

ペンタゴン石／ペンタゴナイト

Pentagonite　斜方晶系　珪酸塩鉱物

カバンシ石と同じ化学組成を持ちますが、結晶構造がちがう鉱物です（同質異像）。双晶〔*〕により五角形（英語でペンタゴン）になるのでペンタゴン石と名づけられました。

❶$Ca(VO)Si_4O_{10}\cdot 4H_2O$　❷あり　❸3～4　❹青　❺青　❻2.3

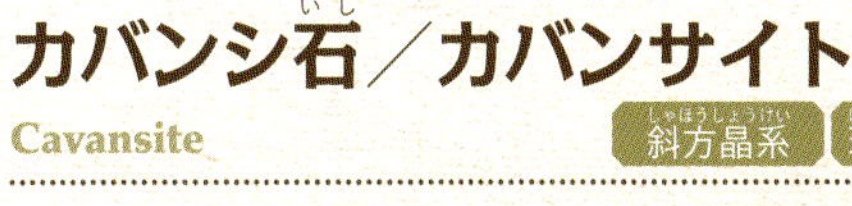

▶ペンタゴン石
細長い結晶で太さは1㎜程度。断面は星型をしている。／インド産

シャタック石／シャッタカイト

Shattuckite　斜方晶系　珪酸塩鉱物

銅の二次鉱物〔*〕です。1915年アリゾナ州のビスビーにあるシャタック鉱山で発見されました。母岩〔*〕をおおっているものから、球状の結晶も多くあります。

❶$Cu_5(SiO_3)_4(OH)_2$　❷2方向にあり　❸3.5　❹青　❺青　❻3.8

カバンシ石／カバンサイト

Cavansite　斜方晶系　珪酸塩鉱物

あざやかな青色はバナジウムによる発色です。英名は成分から、カルシウム（Ca）と、バナジウムの（Van）を合体させてつくられました。

❶$Ca(VO)Si_4O_{10}\cdot 4H_2O$　❷1方向にあり　❸3～4　❹青　❺青　❻2.3

◀方硼石
五角形の面と六角形の面が交ごにならんでいる結晶。／ドイツ産

◀カバンシ石
細かい結晶が球状に集まっている。／インド産

方硼石／ボラサイト

Boracite　斜方晶系（擬等軸）　硼酸塩鉱物

「方」の字には「四角」という意味があり、等軸晶系の鉱物名によく使われます。しかし斜方晶系の方硼石に使われているのは、この鉱物が高温のとき結晶が等軸晶系の形になるためです。やがて温度が下がると結晶の構造は斜方晶系に変化しますが、いちどできた外形は変わりません。

❶$Mg_3B_7O_{13}Cl$　❷なし　❸7.5　❹無色～白、緑　❺白　❻3

カバンシ石とペンタゴン石の見分け方

ペンタゴン石も球状に集合し、カバンシ石とそっくりな標本がたくさんあります。ペンタゴン石のほとんどが双晶〔*〕で発見されるので、まずは双晶ならペンタゴン石と考えます。しかし、カバンシ石にも双晶はあります。いちばんの目印は随伴している鉱物のちがいです。ペンタゴン石はモルデン沸石や輝沸石を随伴し、束沸石との共存はあまりありませんが、カバンシ石は束沸石を随伴します。この2点を見比べましょう。

▲▼玄能石
上の標本の白い部分は砂岩でこれを取り去ると、下のような標本となる。／ともにロシア産

玄能石／グレンドン石（イカ石仮晶〔*〕）

Glendonite（Ikaite）　単斜晶系　炭酸塩鉱物

フィンランドのイカフィヨルドで発見されたため、イカ石と名づけられました。非常に水温の低いわき水の出る海底にできます（生成温度は0～5℃）。しかし、水から取り出すと急速に水分を失い結晶構造がこわれるため（8℃から脱水分解）、標本として出回っているものはイカ石の仮晶で玄能石、グレンドン石とよばれます。

❶$CaCO_3 \cdot 6H_2O$　❹白

鉱物データはイカ石のもので化学組成式には水（6H2O）が入っている。しかし、標本はすでに脱水分解している状態のため、玄能石の化学組成式は$CaCO_3$となる。

アルチニー石／アルチナイト

Artinite　単斜晶系　炭酸塩鉱物

名前はイタリアの鉱物学者アルチニ（Artini）にちなみます。蛇紋岩〔*〕の風化によってできる鉱物で、多くは蛇紋岩を母石として、あるいはすき間に産出します。

❶$Mg_2(CO_3)(OH)_2 \cdot 3(H_2O)$　❷あり　❸2.5　❹白　❺白　❻2

▼アルチニー石
絹糸のような光たくがある白色針状結晶が放射状に集合している。母岩は蛇紋岩。／アメリカ カリフォルニア州産

石黄／オーピメント

Orpiment　単斜晶系　硫化鉱物

日本では石黄を雄黄、鶏冠石を雌黄とよんでいます（中国では逆）。かつては黄色の顔料として使われており、雄黄色は石黄でつくられた岩絵の具の色名です。

❶As_2S_3　❷1方向にあり　❸1.5～2　❹黄、橙　❺淡黄　❻3.5

▶石黄
光たくのある黄色い部分が石黄、オレンジ部分が鶏冠石。さらによく観察すると鶏冠石よりよりあざやかな赤色の鉱物があるが、これはゲッチェル鉱。／アメリカ ネバダ州産

▼カリビブ石
オレンジ色の針状結晶の集合。母岩は砒鉄鉱。／モロッコ産

毒重石／ウィゼライト

Witherite　斜方晶系　炭酸塩鉱物

胃の検査のときに飲むバリウム（鉱物では重晶石。硫酸バリウムを成分とする）は、飲んでもそのまま体から出されます。しかし毒重石の成分である炭酸バリウムは胃で分解され、有害なバリウムイオンとして腸に吸収されてしまいます。毒重土石という別名もありますが、いずれも「毒」とつくのはその名のとおり毒性を持つためです。

❶$BaCO_3$ ❷1方向にあり ❸3～3.5 ❹無色、白、淡黄 ❺白 ❻4.3

◀毒重石
ブラックライトで黄色に蛍光する。／イギリス産

カリビブ石／カリビバイト

Karibibite　斜方晶系　砒酸塩鉱物

砒酸塩鉱物の中で鉄をふくむものは、あまりありません。そのため、カリビブ石は希産鉱物〔*〕です。

❶$Fe^{3+}2As^{3+}4(O,OH)_9$ ❸1～2 ❹橙 ❺淡黄 ❻4.1

トランキリティー石／トランキリタイト

Tranquillityte　六方晶系　珪酸塩鉱物

原産地は月の「静かなる海（Sea of Tranquility）」で石の名前も原産地に由来します。アポロ11号で持ち帰られ、当時はまだ地球で見つかっていない鉱物でしたがその後、オーストラリアでも発見されました。

❶$Fe^{2+}8(Zr,Y)_2Ti_3[O_{12}|(SiO_4)_3]$ ❹黒褐色 ❻4.7

◀トランキリティー石
ザラザラしたさわり心地。／オーストラリア産

▲レグランド石
黄色く透明な柱状結晶。／メキシコ産

レグランド石／レグランダイト

Legrandite　単斜晶系　砒酸塩鉱物

鉱物名はベルギーの鉱業家レグランドにちなむ。日本でも岡山県の扇平鉱山や宮崎県土呂久鉱山などで採れていました。

❶$Zn_2AsO_4(OH) \cdot H_2O$ ❷なし ❸4.5 ❹淡黄 ❺白 ❻4.0

トランキリティー石は月の石!?

アポロ計画では毎回月の石が採取されています。月では輝石、燐灰石、チタン鉄鉱、橄欖石、石榴石など、地球上にあるもののほか、地球上にはない自然鉄も見つかっています。その中でトランキリティー石とアーマルコライトは地球上にもありますが、先に月で発見されたので、原産地が月というロマンチックなデータになっています。

❶…化学組成式 ❷…劈開 ❸…モース硬度 ❹…色 ❺…条痕 ❻…比重

準鉱物

準鉱物とは、鉱物のように見えますが結晶構造を持っていないものです。そのため、国際鉱物学連合〔*〕では、鉱物として認めていません。

❶…化学組成式 ❷…劈開 ❸…モース硬度 ❹…色 ❺…条痕 ❻…比重

琥珀／アンバー

Amber

非晶質 有機物

琥珀は樹脂の化石です。北ヨーロッパにあるバルト海沿岸や中国の撫順、ドミニカ共和国などが有名な産地です。日本では岩手県の久慈地方で中生代白亜紀後期の琥珀が採れます。

❶$C_{10}H_{16}O^{+}(H_2S)$ ❷なし ❸2～2.5
❹黄、茶褐色～赤褐色 ❺白 ❻1.1

◀琥珀
ほとんどがブラックライトで蛍光するが、その中でも「ブルーアンバー」とよばれるものは美しい青色に蛍光する。／スマトラ産

黒曜石／オブシディアン

Obsidian

非晶質 火山ガラス

黒曜石は天然ガラスです。成分は火山岩の一種、流紋岩〔*〕でガラス質の石基に斑晶〔*〕があるものも多く「スノーフレイクト」とよばれています。

❶SiO_2 ❷なし ❸5～5.5 ❹黒、灰、深緑、赤、黄 ❺淡黄
❻2.5

◀黒曜石
断面は非常にするどい貝がら状断口となるため、大昔から世界各地で矢じりやナイフなどの石器として利用されていた。／アメリカ アリゾナ州産

▶珪華
金平糖のような形になるため、金平糖状珪華、金平糖石とよばれる。／秋田県後生掛温泉産

珪華／シリシャスシンター

Siliceous sinter

非晶質

珪酸泉（珪酸を多く含む鉱泉）のふき出し口にできます。二酸化珪素を主な成分とするため、珪華とよばれます。オパールと同じ、非晶質。

❶SiO_2 ❷なし ❸7 ❹無色～白 ❺白 ❻2.65

「しょうげきガラス」って何だ!?

しょうげきを受けても割れにくいガラスのこと!? いえいえ、ちがいます! 隕石が地球に落下すると、そのしょうげきや熱で地表が溶かされて、やがて冷えて固まります。中でも石英成分が溶けて固まるとガラスとなります。「しょうげきガラス（インパクトガラス）」はつまり隕石落下のしょうげきによってできたガラスという意味なのです。いちばんよく見かけるものは「テクタイト」という黒いかたまりです（写真右）。しょうげきガラスには採取された土地の名前がつくことが多く、リビアさばくのレモン色のガラスはリビアングラスとよばれます。透明感のある緑色のもの（写真左）は「モルダバイト」といい、約1億4800万年前に現在のボヘミア平原付近に落下したときにできた大変めずらしいものです。

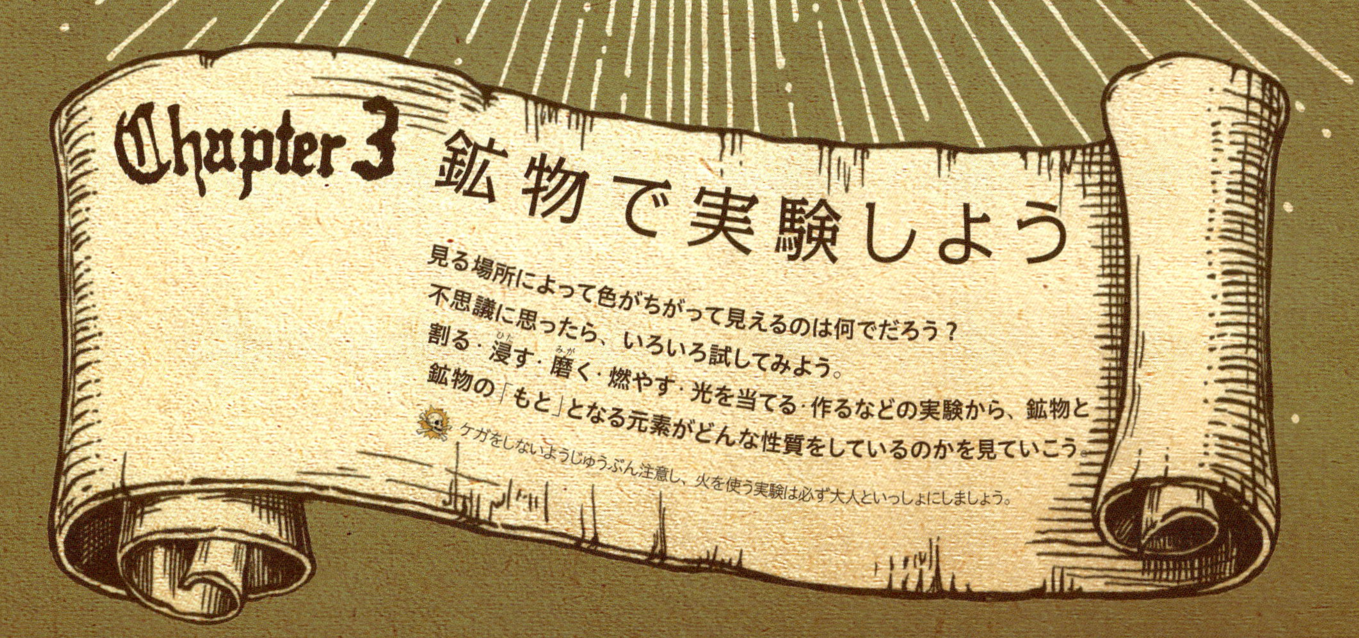

Chapter 3 鉱物で実験しよう

見る場所によって色がちがって見えるのは何でだろう？
不思議に思ったら、いろいろ試してみよう。
割る・浸す・磨く・燃やす・光を当てる・作るなどの実験から、鉱物と
鉱物の「もと」となる元素がどんな性質をしているのかを見ていこう。

ケガをしないようじゅうぶん注意し、火を使う実験は必ず大人といっしょにしましょう。

割る

鉱物を割ってみると、決まった割れ方をしたり、中にキラキラしたものがたくさんつまっていたり、とても不思議で、びっくりするような発見があります。

鉱物の特性・劈開を知る パッカーン実験

鉱物には「劈開」という決まった方向に割れやすい性質があります（→ P.13）。どのように割れるのかを試してみましょう。

【方解石（→ P.47）】
すでに劈開を利用して割られたものを今回は使用。／アメリカ ニュージャージー州 フランクリン鉱山産

用意するもの

- □ 方解石
- □ ウエットティッシュ
- □ ハンマー

※ウエットティッシュの代わりに、しめらせたキッチンペーパーでも OK。

ハンマーを使うときは、指をたたかないように注意しましょう。また割るときは、新聞紙を広げその上にカッターマットを置くと、机にキズがつきません。

方解石を割る

［難易度］★☆☆☆☆

実験の手順

1 割るとき破片が飛び散らないように、ウエットティッシュで方解石を包む。

2 石をおさえながら、反対の手で方解石の真ん中あたりをハンマーでたたき 割る。

いろいろな大きさにくだけたが、どれもみんな「マッチ箱をつぶしたような形」になった。

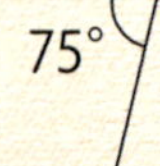

point ▶先の丸いハンマーで割る

ハンマーの先が丸いと、力が一部分に集中するため、きれいに割れます。力の入れ過ぎには注意しましょう。

割れた角度をそれぞれ測ろう!

方解石の小さなほうの角を測るとすべて 75 度です。劈開を利用して割ったときや劈開片を手に入れたときには、それぞれの角度を測ってみましょう。

75°

二重に見える「複屈折」について

線のかかれた紙の上に方解石の劈開片を置いてみると、線が 2 重に見えます。これは「複屈折」という、光を 2 つの方向に分ける性質によって起こります。

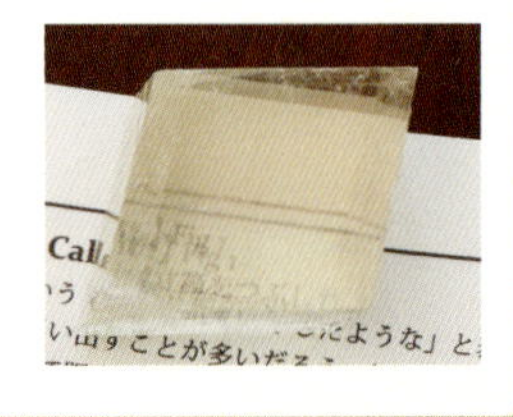

雲母をはがす

[難易度] ★☆☆☆☆

【雲母（→ P.45）】
層がはっきり見えているものは、はがしやすい。／上：ロシア産　下：ブラジル産

用意するもの

- □ 雲母
- □ カッター

カッターで指を切らないよう注意しましょう。

実験の手順

1. そっと指を側面にそえてはがす（カッターを使うと、さらにうすくはがせます）。
2. 側面以外からはがせるか、確認をする。

はがした雲母を偏光板で見てみよう!

2枚の偏光板〔*〕の間にうすくはがした雲母をはさんで光にすかして見てみましょう。雲母がにじ色に見えます。そのあと、偏光板を重ねる方向を変えてみましょう。キラキラの見えかたが変わります。

【結果】鉱物によって、割れる方向が決まっている

［方解石］
六面体に割れる。方向は水平、左右、前後の3方向。つまり、3方向に完全。

［雲母］
うすくはがせる方向に割れる。方向は水平の1方向に完全。

雲母はなぜ、うすくはがすことができるのだろう?

それは雲母の結晶構造に原因があります。雲母にはまず珪酸塩の四面体の層がアルミニウムを中心とした八面体の層をはさんだサンドイッチ構造（これはがっつり結合）になっていて、これがカリウムイオンを接着ざいのようにして何層にも重なっています。カリウムイオンの結合は弱いのでこの部分をはがすことができるのです。サンドイッチ構造にカリウムイオンを加えた厚さは1nm（1mmの百万分の1）なので、計算上ではこのうすさまではがせるということになります。

青：アルミニウム／緑：珪酸塩／ピンク：カリウム

劈開を使い蛍石で八面体を作ってみよう！

［難易度］★★★★☆

八面体の面はすべて正三角形なので、60 度を意識しながらどんどん割っていきましょう。また、向かい合う面はすべて平行です。

【蛍石（→ P.36）】
「蛍石の劈開は完全」と多くの図鑑に書かれていますが、すべての蛍石が八面体に割れるわけではありません。産地によって八面体に割れないものもあります。また、透明度の高い欠片のほうが、劈開はより完全です。／アメリカ イリノイ州産

用意するもの

□ **ニッパー**

※ ニッパーで割れないような大きなかたまりのときは、P.54 のパッカーン実験の手順で小さくくだいてからニッパーを使いましょう。

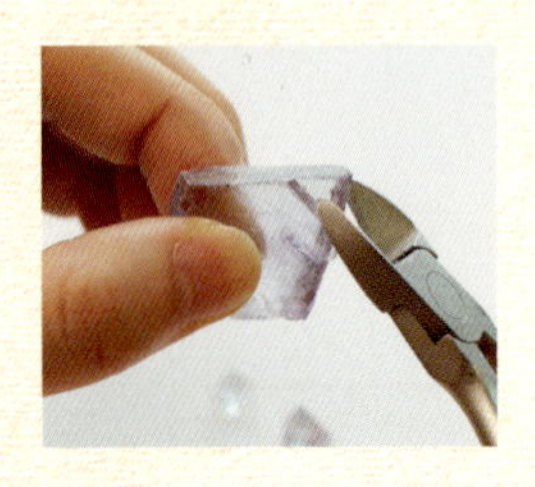

ニッパーで指をはさまないよう注意しましょう。

実験の手順

※青い部分が、八面体にしていくところです。

1 赤い線にそって、ニッパーで割る。

2 3 4 ひとつの頂点に対し、面が 3 つ接している場所から四面体に切り落としていく。

5 完成。指で向かう面をつまむと、それぞれ平行ということが分かる。

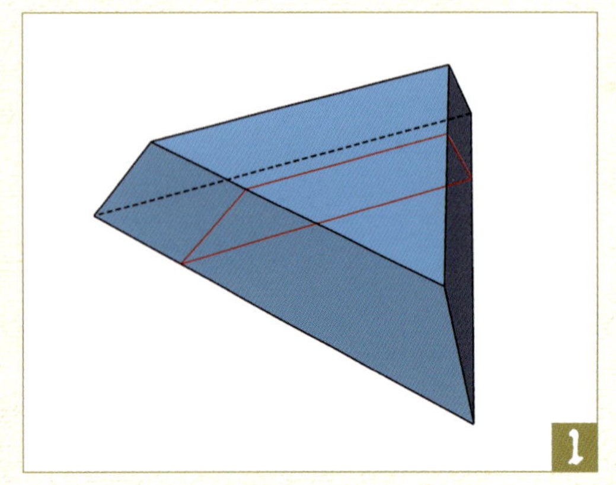

1

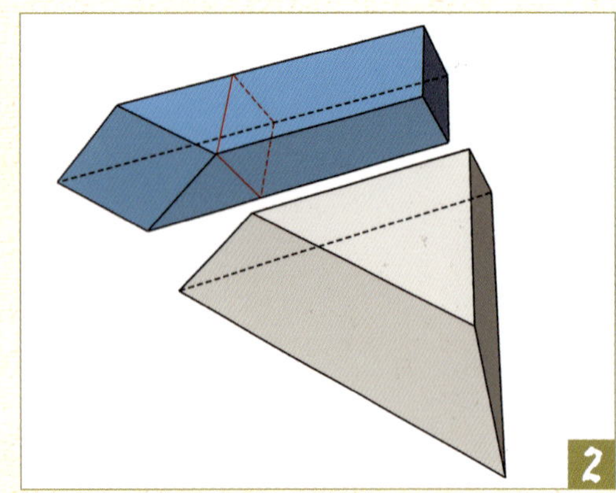

2

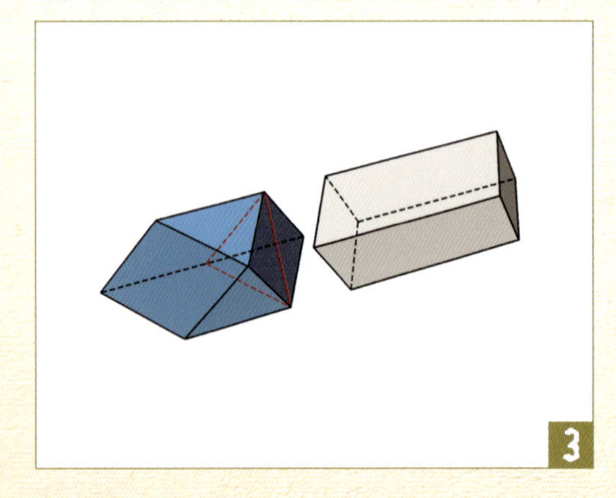

3

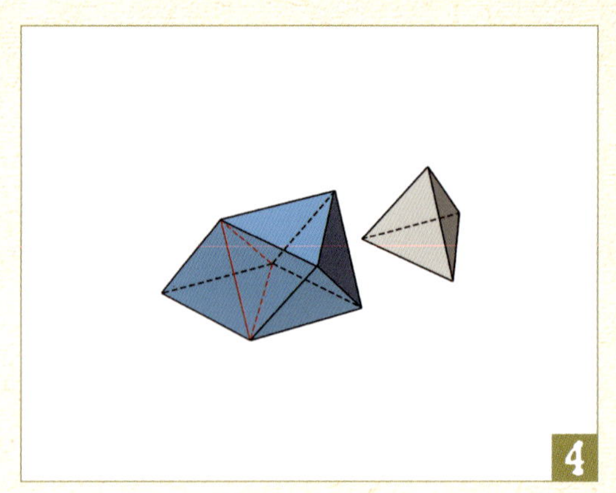

4

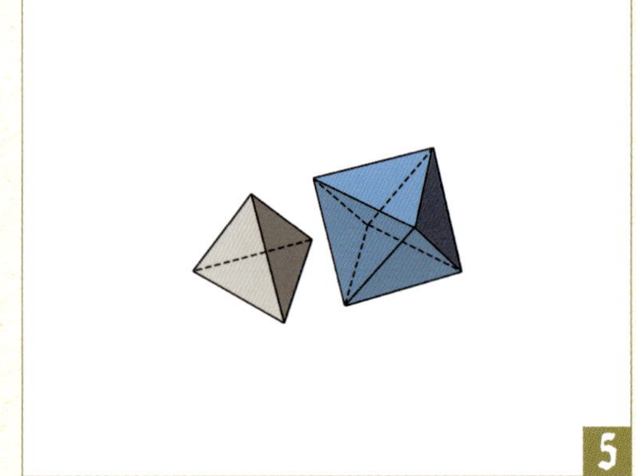

5

丸い鉱物の中をのぞいてみよう！

［難易度］★★☆☆☆

まん丸い鉱物をパッカーンと割って中を見てみましょう。外見とはまったくちがう世界が広がっているかも!?

【石膏（→P.40）】
アメ色の結晶がいくつかつき出ています。

【玉髄→P.28】
実験に使用したものはとても軽く、ツメでたたくとカンカンと軽い音が出ました。

【藍銅鉱（→P.35）】
直径1㎝程度のサイズのものです。

用意するもの

- □ 丸い鉱物　3種（石膏、玉髄、藍銅鉱）
- □ くぎ
- □ ハンマー
- □ ニッパー

新聞紙を広げ、その上にカッターマットを置くと、机がキズつきません。

実験の手順

1 親指と人差し指でくぎをおさえ、残りの指で標本を固定する。くぎは標本の上部中央に当てる。

2 くぎの頭をハンマーで真上からたたき割る。

▶割れた内部を観察すると放射状に結晶が育っています。アメ色の結晶も放射状の延長にあるので、全体が石膏であることが分かります。

実験の手順

1 玉髄を石膏と同じ手順で割る。

◀玉髄は蛍光するものが多いので割ったあとはブラックライトを当てて観察してみましょう。

実験の手順

1 藍銅鉱をニッパーで割る。

▶内部には青い結晶がギュッとつまっています。藍銅鉱と孔雀石の化学組成式はとてもよく似ていて外は青い藍銅鉱なのに割ると内部が緑色の孔雀石になっているものもあります。

黄鉄鉱の中にも不思議がいっぱい！

黄鉄鉱（→P.38）は立方体や十二面体の結晶が多くありますが、球状に結晶する場合もあります。球状結晶の多くは放射状に成長します。また断面が銀河のような模様に見えるものもあります。

浸す

鉱物や岩石を、水や酢に浸してみましょう。液体をかけると、いったいどんな変化が起るでしょう。

分子の構造を知る
スケスケ透明実験

多孔質〔*〕のオーパールを水につけておくと、なんと不思議！ 色がどんどん変わっていきます。

【オパール（→P.33）】
ほかの産地のものと比べて多孔質〔*〕のオパール。／エチオピア産

用意するもの

- □ オパール
- □ 浅い容器
- □ 水

※変化が見えにくいため、白の容器はさけましょう。

オパールを水に浸す

［難易度］★☆☆☆☆

実験の手順

1. オパールを容器に入れ、全体が水に浸るくらい水を入れる。
2. 水が減らないよう、こまめに水を補じゅうする。

◆直後

ブクブクと小さなアワが出る。

◆1週間後

アワは出ず、透明感が出る。

【結果】白っぽさがなくなり、透明度が高くなる

水に浸した直後、ルーペでよく観察すると小さなアワが発生していました。1週間後には、アワが出なくなり、透明感が出ます。これはもともとオパールの穴に入っていた空気が水によって、おし出されたためです。
オパールはかんそうに弱く、いちど水に浸したものを再びかんそうさせると、ヒビが入ったり遊色効果（→P.15）が消えてしまうこともあります。実験をしたあとはできるだけ水から出さないように保管しましょう。

色水に浸すとどうなるだろう?

水溶性インクを加えると色つきのオパールができます。色水を吸いこんだオパールを取り出し、水で洗うと表面についた色は落ちますが部分的に色が残っています。では、これをまた水に入れたらどうなるでしょうか。試してみましょう。

美しい鉱物の花をさかせる

ぽこぽこポップコーン実験

岩石にいろいろな種類の酢をかけたり、浸す量を変えてみましょう。結晶の量や色が変わります。

【ポップコーンロック】
ポップコーンロックは、アメリカの理科教材としての商品名。米国西部のグレートベースンで見つかった天然に存在する岩石です。岩石名は苦灰岩で苦灰石が主成分。／アメリカ産

用意するもの

- □ **ポップコーンロック**
- □ **ホワイトビネガー**
- □ **浅い容器**

※ ホワイトビネガーは家庭用でOK。

石に酢をかける

［難易度］★☆☆☆☆

実験の手順

1. ポップコーンロックを容器に入れる。
2. 上からホワイトビネガーをかけ、7分目まで浸るようにする。追加で酢をかけたりせず、経過を見る。

◆直後 白いアワがたくさん発生する。

◆6時間後 表面のでこぼこのでっぱり部分に白い結晶が出る。

◆1週間後 チクチクとした白い結晶がたくさん出る。

▶酢を石全体にかけ、使う量は石が七分目に浸るくらい

酢がすべて蒸発したところで実験は終りょう。そのためひとつは7分目で、もうひとつはポップコーンロックがすべて浸るくらいの酢を入れて実験を見比べてみましょう。

【結果】白い結晶が出てくる

酢に浸すと、ポップコーンロックにふくまれている方解石成分が溶け出します。それが再結晶し、白い霰石の結晶ができたためです。また酢の量が多いと、できる結晶も大きなものになります。

いろいろな酢で試したらどうなるかな?

ホワイトビネガー以外の酢酸でも白い花のような結晶ができます。しかし酢酸の場合は時間が経過すると白い結晶がオレンジ色を帯びてきます。砂糖入りなどの料理用酢ではどうなるか、試してみましょう。

磨く

中に模様があるように見える鉱物もあります。しかし表面がでこぼこだったりするとよく観察できません。そこで、表面を磨いてみましょう。

鉱物の模様を見る

ツルツル★ピカピカ研磨実験

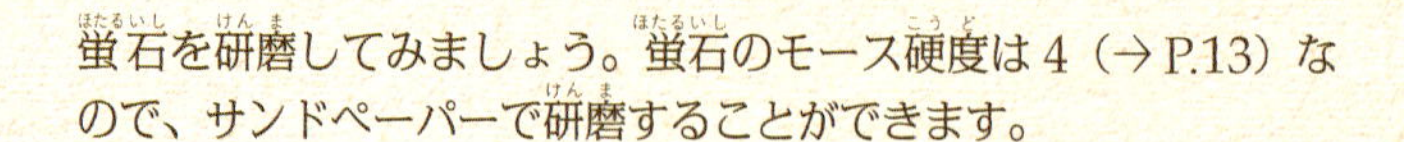

蛍石を研磨してみましょう。蛍石のモース硬度は4（→P.13）なので、サンドペーパーで研磨することができます。

【蛍石（→P.36）】
しま模様があり、表面がでこぼこで白っぽい。蛍石はナイフで簡単にキズをつけられるかたさ。／アルゼンチン産

用意するもの

- □ 蛍石
- □ 布きん
- □ スポイト
- □ 水
- □ 耐水サンドペーパー（400番、800番、2500番）
- □ セーム皮
- □ 白棒 #8000

※セーム皮の代わりにティッシュでもOK。最初はザラザラしたティッシュで磨き、仕上げは高級ティッシュ（花粉しょうの人向けに売られているもの）で磨きます。このとき、水はつけません。

サンドペーパーで磨く

［難易度］★☆☆☆☆

実験の手順

1. 布きんの上に蛍石を置き、スポイトで少量水を垂らす。
2. 400番のサンドペーパーで磨く。だいたい平らになったら水で洗う。
3. 800番のサンドペーパーで磨き、水で洗う。
4. 2500番のサンドペーパーで磨き、水で洗う。

◆400番

でこぼこした部分が減り、白い部分がだいぶなくなる。

◆800番＋2500番

でこぼこがなくなり、ツルツルになる。

皮で磨き上げよう

［難易度］★☆☆☆☆

さらにピカピカにしたい場合はプラチナや銀を磨くときに使う白棒 #8000 をセーム皮につけて磨き上げる。

実験の手順

1. セーム皮で磨く。

【結果】表面がツルツルになると模様が見やすくなる

内部や光たくがよりはっきりした。サンドペーパーは数字が大きくなるほど目が細かくなります。目があらいほどたくさんけずることができ、目が細かいほどツルツルピカピカに仕上がります。しかしツルツルのように感じても蛍石の表面をルーペで観察すると、たくさんのでこぼこがあることが分かります。

なぜ、ツルツルになると見えやすくなるの?

池の中を泳ぐコイを想像してください。風もなく水面が平らなときのほうが、水面にさざ波が立っているときよりもはっきり見えますね。蛍石もこれと同じで内部のしま模様は表面を平らにすることでよりきれいにはっきりと見えるのです。

加熱する

鉱物を燃やしてみましょう。形や光りかたなど、種類によってさまざまな変化が生まれます。ものによっては有害なガスが出たり、はじけたりするので注意しましょう。

鉱物の「もと」、元素の色を見よう
カラフル炎色反応実験

鉱物にふくまれる元素を調べるとき、鉱物そのものを炎に入れる方法があります。それはふくまれる元素によって炎の色が変わるからです。今回は、鉱物にふくまれる元素と同じ元素をふくむつぶを炎に入れ、どんな色になるのかを実験してみましょう。

実験のときはメタノールやコットンを使うため、もともとの炎にも色がついています。実験するまえの炎の色はオレンジ色をしています。

用意するもの

- □ ナトリウム(食塩)　3g
- □ カルシウム　3g（除湿剤のつぶ）
- □ カリウム　3g（カリミョウバンのつぶ）
- □ ホウ素　3g（ホウ酸のつぶ）
- □ コットン(化粧用)
- □ メタノール
- □ ピンセット
- □ ぬらした布きん
- □ ステンレス製パッド（耐熱トレー）

※ステンレス製パッドの代わりに折りたたんだアルミホイルでも代用OK。コットンは手芸用ではなく、化粧用を使うこと。

火を使うので、必ず大人といっしょにやろう。また、ホウ素などの薬品は口に入れたり、キズ口につけたりしてはいけません。手についたときは、よく手を洗いましょう。

炎の色のちがいを見比べる

［難易度］★★★☆☆

実験の手順

1. コットンを直径8㎜くらいに丸め、メタノールにしっかり浸す。
2. 1のコットンをパッド（下にぬらした布きんをしく）の上に置き、コットン全体に実験したいつぶをふりかける。
3. 2に火をつけ、部屋を暗くする。

1

2

◆ナトリウム　◆カルシウム　◆カリウム　◆ホウ素

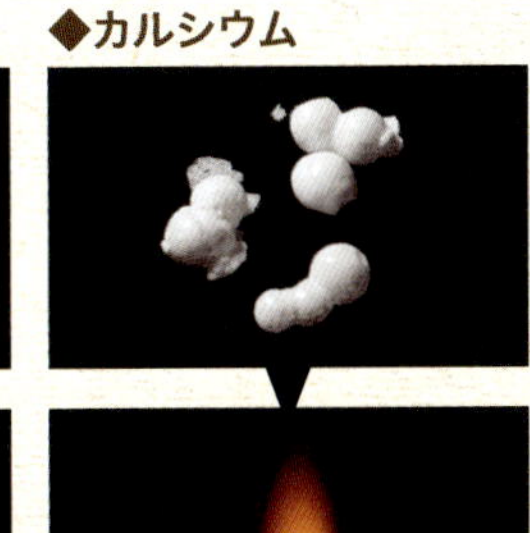

point ▶2つの炎を同時に見比べる

実験のときにコットン玉を2つ用意し、1つにはメタノールを浸しただけで着火し、炎の色を比べることで色の変化が正確に分かります。

【結果】元素によって炎の色がちがう

- ◆ナトリウム……………………………… 黄色
- ◆カルシウム………………………… オレンジ色
- ◆カリウム…………………………………… 紫色
- ◆ホウ素……………………………………… 緑色

花火って何で色がたくさんあるの?

夜空をかざる打上げ花火の色も炎色反応を利用しています。基本的には赤、黄、緑、青、白（銀）、錦（金）の6色です。あとはこれらの組み合わせで色を作っています。赤には炭酸ストロンチウム、緑には硝酸バリウム、黄色にはシュウ酸ソーダか炭酸カルシウム、青には硫酸銅、白にはアルミニウムで錦はチタン合金の金属が使われています。

石のエネルギーが光で放出されるのを見る

きらめき発光実験

蛍石は蛍のように光るので蛍石と名づけられました。蛍石は加熱するとパンパンとはじけて発光します。そのまえに、ブラックライトに当て蛍光を確認しましょう。

用意するもの

- □ 産地の異なる蛍石の欠片3種
- □ ブラックライト

実験の手順

1. 自然光のもとで、色を確認する。
2. 部屋を暗くし、ブラックライトを当てる。

紫外線の出ているブラックライトを直接見てはいけません。また、皮ふにも悪いので人に向けないこと。

産地のちがう蛍石にブラックライトを当ててみよう

［難易度］★☆☆☆☆

イギリス ロジャリー鉱山産

緑色に見えていたものが、青く蛍光する。

中国産

あわい緑色から、美しい青色に蛍光する。

アメリカ イリノイ州産

変化なし。イリノイ州産は肉眼で蛍光を観察できるものはあまりありません。

用意するもの

- □ 産地の異なる蛍石
  （左ページの実験で使用）
  の5㎜程度の欠片　3種
- □ 耐熱試験管　3本
- □ ガスコンロ
- □ しめらせた布きん
- □ お皿
  （熱した試験管を置くためのもの）

※試験管を持つために、しめらせた布きんを使用しますが、なべつかみでも代用OK。

火を使うので、必ず大人といっしょに実験しましょう。石がパチパチはねるのでヤケドに要注意!!!!

3種の蛍石をそれぞれを加熱する

［難易度］★★★★★

実験の手順

1 小さな欠片1～2個を洗い、しっかりかわかしてから長めの耐熱試験管に入れる。

2 しめらせた布きんで試験管の口をふさぐようにして持ち、直接火にかける。蛍石の入っている底部分が炎の上部分（炎で一番温度が高い部分）にくるようにする。

3 蛍石がパンパンとはじけたら、火を止め部屋を暗くする。

※1、2分加熱しても変化を確認できない場合は実験を中止しましょう。

イギリス ロジャリー鉱山産

はじけるまえから光り始め、パチンとはじけたあと、さらにきれいに発光する。

中国産

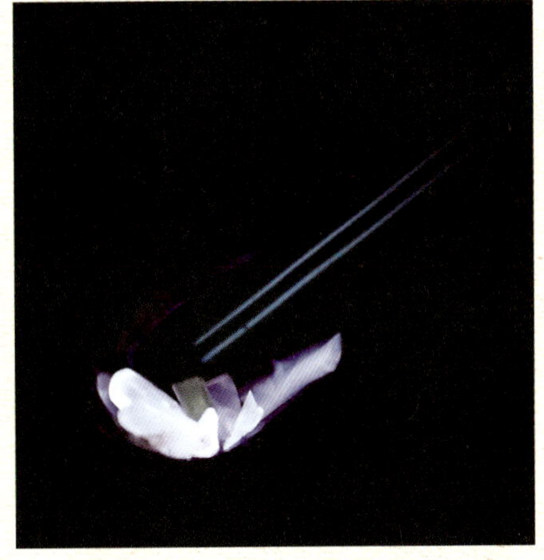

パチンとはじけたあと、うっすらとラベンダー色に発光する。

アメリカ イリノイ州産

ほんのわずかだけ発光する。

point

- ▶蛍石の欠片は、ニッパーなどで小さくくだいてから加熱する
- ▶加熱するまえに、しっかり蛍石を洗う

大きいままだと実験に時間がかかるほか、試験管が熱くなるうえ、石が激しくはじけるので危険です。また、最近の鉱物標本は油がぬられているものが多くあります。あらかじめよく洗って、しっかりかわかしましょう。

【結果】蛍石は加熱すると光るが、産地によって光り方がちがう

ブラックライトを当てたときに強く蛍光するもののほうが、加熱したときより明るく光った。しかし、ブラックライトで蛍光しなかったものでも、熱するとわずかだが光を発するものもある。そのさい、部屋を真っ暗にすると見やすい。

なぜ、蛍石を熱すると発光するの?

ブラックライトで蛍光するのは不純物としてわずかにふくまれる元素が原因ですが、加熱による発光は蛍石の原子配列のひずみが原因で、受け取った熱エネルギーを光として放出するためといわれています。しかし、加熱後ひずみは和らぐので再度熱しても、もう光ることはありません。

状態変化を見る！

ニョロニョロのび〜る実験

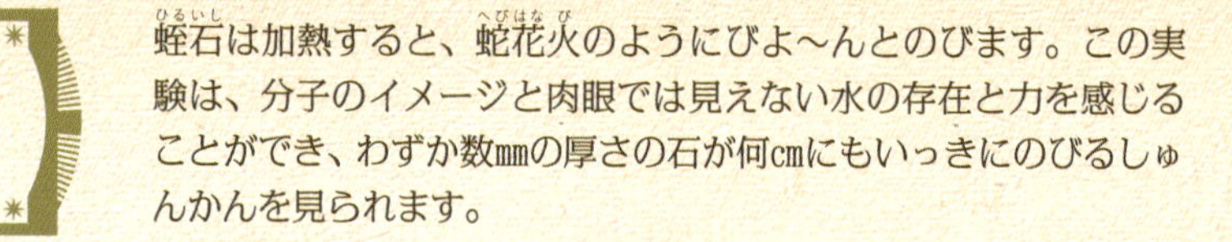

蛭石は加熱すると、蛇花火のようにびよ〜んとのびます。この実験は、分子のイメージと肉眼では見えない水の存在と力を感じることができ、わずか数㎜の厚さの石が何㎝にもいっきにのびるしゅんかんを見られます。

【蛭石】
黒雲母が風化して水分をふくんだもの。加熱処理をした蛭石は非常に軽く多孔質〔＊〕で通気性、断熱性、保水性に優れているので、園芸や家のかべの骨材などに使われています。

用意するもの

- □ 蛭石
- □ ガスコンロ
- □ 天かすすくい

※ 天かすすくいの代わりに、茶こしでも代用OK。

蛭石を加熱する

［難易度］★★★★☆

実験の手順

1. 天かすすくいの上に蛭石を数個乗せる。
2. コンロの上にかざして15秒ほど加熱する。

火を使うので、必ず大人といっしょに実験しましょう。

point

▶**試験管に入れても実験はできますが、直火のほうが早く結果が出る**

ピンセットでつまんであぶってものびますが、つまむことでのびるのをぼう害してしまうことが多いので、直接、火であぶることができる「金属のあみ」が一番おすすめです。

【結果】厚さ1㎜の蛭石が50㎜のびた

平べったい蛭石がにょろにょろとのびた。また、うすいものよりも厚みのある欠片のほうが長くのびた。

なぜ、蛭石は熱するとのびたの？

蛭石の正体は「水をふくんだ雲母」です。雲母は珪酸塩とアルミニウムイオンからなる層がカリウムイオンで軽く結びついています（→P.55）。蛭石はこのカリウムが水に置きかわっているため、熱することで水が水蒸気（気体）になり、ニョロニョロとのびたように見えるのです。つまり、水が状態変化するときの体積変化が原因です。

光を当てる

鉱物は光を当てることで、種類を見分けることもできます。蛍光灯、自然光、白熱灯、ブラックライトなど、いろいろな光を当てて色の変化を観察してみましょう。

不純物が光ってる!?

カラーチェンジ実験

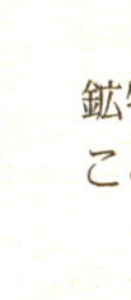

鉱物には光源〔*〕によって色が変わって見えるものがあります。ここでは、鉱物にいろいろな光を当ててみましょう。

【蛍石（→ P.36）】
美しい青色をしています。／アメリカ ニューメキシコ州ビンガム産

用意するもの

- □ 蛍石
- □ 蛍光色LEDライト
- □ 白熱灯（電球色ライト）

実験の手順

1. 蛍石の色を自然光のもとで確認する。
2. 蛍石を白熱灯にかざして色を確認する。

蛍石を自然光と白熱灯の下で見比べる

［難易度］★☆☆☆☆

◆自然光（蛍光色 LED ライト）

こい青色。

◆白熱灯

紫がかった色。

【結果】当てる光によって、見える色がちがう

自然光（蛍光灯）下と白熱灯下で色が変わって見えることを「カラーチェンジ」といいます。鉱物ではアレキサンドライトのカラーチェンジが有名なのでアレキサンドライト効果といわれることもあります。

なぜ、光によって見える色がちがうの?

色がちがって見える原因はほんの少しふくまれる不純物が黄色の波長の光を吸収するため、青みが強い光（日中の太陽光や蛍光灯）の下では青色系の色を反射し、赤みが強い光の下では赤色系の色を反射するために色が変わって見えるのです。

色あせた石を復活させる！

テネブレッセンス実験

ブラックライト（紫外線）を当て色の変化を確認する実験です。「テネブレッセンス」はラテン語の「暗やみ」からきています。

【ハックマン石】
方ソーダ石の成分に近い石。ロシアのコラ半島で最初に発見され、フィンランドの地質学者ビクトルハックマンから名づけられた。／カナダ産

用意するもの

- □ ハックマン石
- □ ブラックライト

実験の手順

1. 自然光のもとで、色を確認する。
2. 部屋を暗くし、ブラックライトを当てる。
3. 自然光のもとで、再び色を確認する。

ハックマン石にブラックライトを当てる

［難易度］★☆☆☆☆

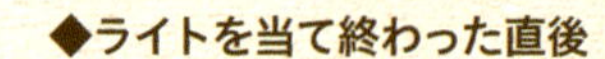

◆自然光

灰色で母岩部分との区別があまりつかない。

◆ブラックライト

あざやかなあんず色に蛍光。ブラックライトを当てるのをやめても数秒、あわい黄色に光る。

◆ライトを当て終わった直後

自然光のときよりライラック色がこくなり母岩との境界もはっきり分かる。

point ▶写真をとりながら観察をする

標本によってはブラックライトを当てるまえとあとの色の変化が少ないものもあります。最初にまずさつえいしてからブラックライトを当てると、比べやすいでしょう。

【結果】ブラックライトを当てると、当てるまえより色がこくなる

ハックマン石はほり出された直後は美しいライラック色をしていますが、自然光や電灯下ではすぐにその色を失い灰色になってしまいます。そのため手元に届くころには変色し退色しています。しかし、ブラックライトを当てることで、元の色にもどります。これは何度でもくり返しができます。この性質を「テネブレッセンス」といいます。

なんで退色した色が、こくなったのかな？

ハックマン石にふくまれた硫黄成分がブラックライトの紫外線を吸収したためです。またツグツプ石(→P.68)でもテネブレッセンスが観察できます。

紫外線の出ているブラックライトを直接見てはいけません。また、皮ふにも悪いので人に向けないこと。

ハックマン石は「燐光」もする！

「燐光」とは、蛍光が長引くこと。ハックマン石は、ブラックライトを消してからも、しばらくの間ぼうっと、あわい黄色に光ります。

ブラックライトの「短波」と「長波」を知ろう!

ブラックライトは本来人の目には見えない光のことですが、多くのブラックライトは青色の光を発しています。また、ライトには数字が書かれていることがありますが、これはふくまれる「波長」のことで、おもちゃとして売られているブラックライトでは380nmくらいです。鉱物の蛍光色(けいこうしょく)を確認するためにはできるだけ可視光〔*〕をふくまないものがよく、375nm以下のものを選びましょう。いっぱん的に売られているブラックライトは「長波」といって365nmから380nmくらいのものです。これに対し、「短波」とよばれるブラックライトは253nmくらい。鉱物は短波で蛍光(けいこう)するものが多いのですが、高額なうえ真っ暗なところでしか蛍光観察(けいこうかんさつ)ができないという難点もあります。

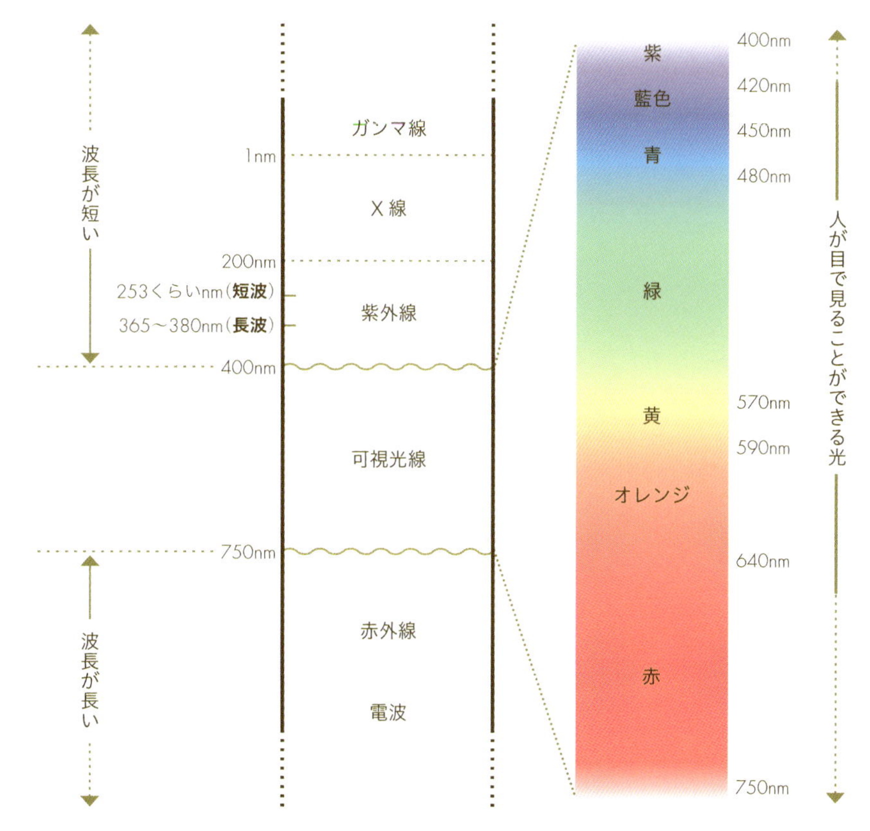

▶短波と長波で蛍光色がちがう鉱物もある!

右はマンガン方解石(→P.47)。全体が均一な劈開片(へきかいへん)を使用。／アメリカ ニュージャージー州フランクリン鉱山産

[自然光(蛍光色LEDライト)]
あわいピンク色。

[ブラックライト(長波)]
ピンク色に蛍光(けいこう)。

[ブラックライト(短波)]
あわい紫色に蛍光(けいこう)。

美しい「蛍光鉱物」図鑑

暗い所で紫外線を当てると蛍光を発する鉱物はほかにもいろいろあります。ここではその一部をしょうかいします。

蛍石／フローライト

Fluorite

等軸晶系　ハロゲン化鉱物

イギリスにあるロジャリー鉱山産の蛍石はよく蛍光します。天気のいい日には太陽光にふくまれる紫外線でも結晶の角が青く蛍光します。蛍光をフローレッセンスとよぶのはこの産地の蛍石の蛍光がきっかけです。

❶CaF_2　❷4方向にあり　❸4　❹無色、紫、ピンク、緑など　❺白　❻3.2

こい緑色の結晶がブラックライトでこい青色に蛍光する。／イギリス ロジャリー鉱山産

ツグツプ石／ツグツパイト

Tugtupite

正方晶系　珪酸塩鉱物

本来は赤い色をしているのですが、暗い所に置いておくと次第に色がうすくなっていきます。紫外線を当てるとハックマン石と同じように「テネブレッセンス」によってもとの色がもどります。

❶$Na_4BeAlSi_4O_{12}Cl$　❷あり　❸6　❹白、ピンク、赤など　❺白　❻2.6

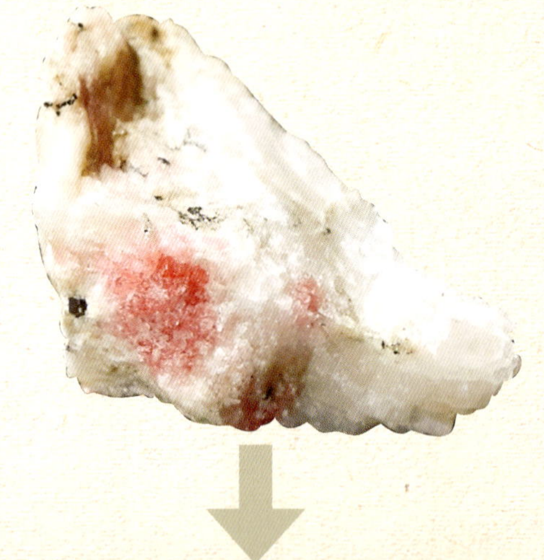

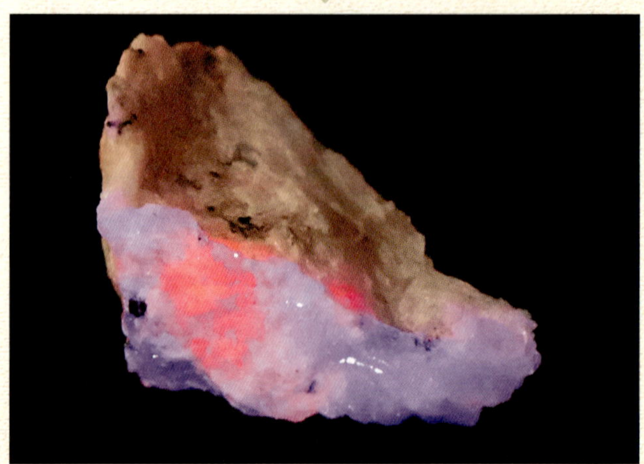

長波の紫外線を当てると、あざやかな紅色に蛍光する。／グリーンランド産

紫外線の出ているランプを直接見てはいけません。また、皮ふにも悪いので人に向けないこと。

透石膏／セレナイト

Selenite

単斜晶系　硫酸塩鉱物

透明度の高いハチミツ色をした透石膏球です。西洋のつるぎのような形をした結晶が放射状に集まっていることが分かります。氷河期のねん土層から採れるので、標本によってはドロをふくものもありますが、それでも蛍光します。

❶$CaSO_4 \cdot 2H_2O$　❷1方向にあり　❸2
❹無色～白、淡黄、淡褐色など　❺白　❻2.3

ブラックライトで青白く蛍光し、そのあと数秒燐光する。透明度が高いほうがより美しい蛍光となる。／カナダ産

玉滴石／ハイライト

Hyalite

非晶質　珪酸塩鉱物

オパールの一種で岩石をおおうように結晶がついています。また日本でも採れ、特に富山県の「新湯の玉滴石」が採れる産地は平成15年に天然記念物に指定されています。日本産は魚卵のような丸い形をしています。

❶$SiO_2 \cdot nH_2O$　❷なし　❸6　❹無色～白、黄、橙、赤など
❺白　❻2.1

ブラックライトであざやかなビタミングリーンに蛍光する。／メキシコ産

紫外線でも蛍光する玉滴石がある!

玉滴石はハンガリーなどで産出されていましたが、いずれも短波のブラックライトで蛍光するものばかりでした。しかし、2014年にメキシコで採れた玉滴石は長波のブラックライトや太陽光にふくまれる紫外線でも蛍光します。この蛍光の原因はウランによるものです。

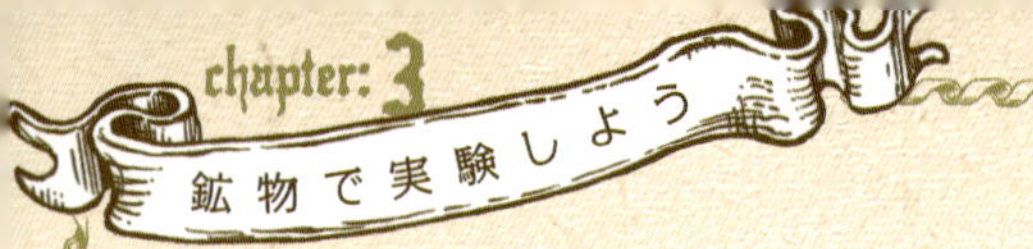

ウェルネル石／ウェルネライト

Wernerite

正方晶系　珪酸塩鉱物

柱石の変種。現在蛍光鉱物として流通しているもののほとんどはカナダ ケベック州産。英名はドイツの鉱物学者アブラハム ゴットロープ ウェルナーにちなみます。真っ暗な場所では、わずかですが燐光もします。

❶$Na_2Ca_2Al_5Si_7O_{24}Cl$ ❷あり ❸6 ❹白、灰、黄、紫など ❺白 ❻2.5〜2.7

自然光下では灰色の標本だが、ブラックライトを当てるとあざやかな黄色に蛍光する。／カナダ産

アンダーソン石／アンダーソナイト

Andersonite

三方晶系　炭酸塩鉱物

ウランの二次鉱物〔*〕です。蛍光鉱物の多くは、ほんの少しふくまれる不純物が原因ですが、アンダーソン石の蛍光は化学組成式にもふくまれるウランが原因です。ウランが蛍光の因子となっている鉱物の蛍光はあざやかです。

❶$Na_2Ca(UO_2)(CO_3)_3 \cdot 6H_2O$ ❷なし ❸2.5 ❹黄、緑 ❺白 ❻2.7〜2.8

あざやかなビタミングリーンに蛍光する。／アメリカ ユタ州産

方ソーダ石／ソーダライト

Sodalite

等軸晶系　珪酸塩鉱物

青色の鉱物で蛍光しないものが多いのですが、不純物としてごくわずかに硫黄をふくみ白っぽいものはブラックライトであざやかなオレンジ色に蛍光します。

❶$Na_4Al_3(SiO_4)_3Cl$ ❷6方向にあり ❸5.5〜6 ❹無色、淡黄、青、ピンク、紫など ❺白 ❻2.2〜2.3

長波と短波でほぼ同じオレンジ色に蛍光するが、産地によっては長波で黄金色、短波で赤色に蛍光するものもある。／グリーンランド産

岩塩／ハーライト

Halite

等軸晶系　ハロゲン化鉱物

本来、岩塩は透明ですが、ピンクや青色なども存在します。色の原因は解明されていません。蛍光も赤くなるものや青くなるものもありますが、蛍光の原因物質はいまだにはっきり分かっていない、不思議いっぱいの鉱物です。

❶NaCl　❷3方向にあり　❸2
❹無色～白、青、紫、ピンクなど　❺白　❻2.2

短波のブラックライトで赤く蛍光する。／ポーランド産

マンガン方解石／マンガンカルサイト

Manganoan calcite

三方晶系　炭酸塩鉱物

カルシウムのごく一部がマンガンに置きかわったものです。うっすらとピンク色をしているのはほんの少しふくまれるマンガンのためです。また、ピンク色の蛍光もマンガンが原因です。マンガンの量は産地によってちがいます。

❶$CaCO_3$　❷3方向にあり　❸3　❹無色、白など　❺白
❻2.7

長波、短波両方の紫外線でピンクに蛍光する。／アメリカ フランクリン鉱山産

「マンガン方解石」のピンク色の「こさ」について

マンガン（Mn）の量が不純物として、ごくわずかな場合は化学組成式に書かれることはありません（$CaCO_3$）が、実際には（Mn,$CaCO_3$）となります。ふくまれるマンガンの量は多ければ多いほどピンク色がこくなりますが、逆に多過ぎると蛍光はしなくなります。また、カルシウムよりマンガンのほうが多い場合は菱マンガン鉱（$MnCO_3$）となります。マンガン方解石と菱マンガン鉱の間には固溶体（*）が存在します。

作る

鉱物と同じ化学組成の人工鉱物を作ってみましょう。人の手で作り出したものは鉱物の定義から外れるので、正しくは「結晶」になります（→ P.8）。

にじ色のかがやきと形が面白い！

ビスマス人工結晶実験

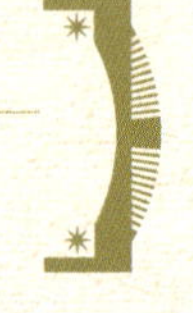

銀色のビスマスチップをいちど融かして固めると、不思議な形をした、にじ色の結晶ができます。失敗しても何度もちょう戦できるので、結晶を取り出すタイミングを変えたり、融かし入れる容器を変えてみましょう。

【ビスマス】

比重は9.7。つまり水の約10倍重いということです。自然に存在するものは、自然蒼鉛／ネイティブ ビスマス（→ P.42）とよび実験で使うものとは区別しています。

用意するもの

- □ビスマスチップ
- □ガスコンロ
- □ステンレス製のなべ
- □ステンレス製の容器
- □やっとこ
- □ニッパー
- □ピンセット
- □ぬらした布きん

※ヤケド防止のためにキチングローブをしてもいいでしょう。また、やっとこの代わりにペンチでもOK。机がこげないよう融かし入れた容器の下に、ぬらした布きんやなべしきをしきましょう。

火を使うので、必ず大人といっしょに作業しましょう。融けたビスマスに水滴が入ると、はねるので大変危険です。ビスマスを容器に注ぐ作業と、容器内のビスマスをなべにもどす作業は危険なので大人にやってもらいヤケドにはじゅうぶん気をつけましょう。

融かして結晶ができるのを待つ

［難易度］

1

2

3

実験の手順

1 ビスマスのチップをなべに入れて、ガスコンロで融かす。ビスマスの融点は271.5℃と、金属にしては低く、数分で融け始める。

2 チップがすべて融けたら、ステンレス製の容器に流しこむ。かなり熱くなるので下にぬらした布きんやなべしきをしくこと。

3 3､4分後､表面をニッパーで軽くつつき、固まっているようであれば表面をピンセットなどではがし取る。

4 容器をやっとこでつまみ、中の固まっていない液体部分をなべにもどす。

5 完成。冷めたら容器についたビスマスを取り出す。逆さまにして、トントンとたたくと外れる。

【結果】不思議な形に結晶し、色がにじ色になる

ラーメンどんぶりのマークのような形をした結晶ができた。色は見る角度により変化するきれいなにじ色になった。

なぜ、形と色が変化したのかな?

[形]
ビスマスが不思議な形に結晶するのは、急速に温度が下がることで、結晶のフチが面より早く成長したためです。そのため面の部分がへこんだ、デコボコした骸晶〔*〕とよばれる形になったのです。

[色]
ビスマスの結晶が空気にふれると表面が酸化して「酸化膜」というものがつくられます。酸化膜は「薄膜干渉」とよばれる光の干渉による色をつくります。シャボン玉や水たまりがにじ色に見えるのも「薄膜干渉」によるものです。

季節で形が変わる、きまぐれ結晶！
ビフォスファマイト人工結晶実験

見た目の美しさもあり、人工結晶育成実験の中でも人気の高い実験です。育てるかんきょうが重要なので、いろいろな場所で試してみましょう。

【リン酸二水素アンモニウム】
下の溶解度を参考にして、入れる量と温度を確認しましょう。

水 100g（ml）

［温度(℃)］	［溶解度(g)］
0	22.7
20	37.4
40	56.7
60	82.5
80	118.3

用意するもの

- □ リン酸二水素アンモニウム 200g
- □ カリミョウバン　数つぶ
- □ 水　400ml
- □ コンロ
- □ 耐熱グラス
- □ なべ
- □ かき混ぜ棒
- □ 育成用の容器

※ かき混ぜ棒は、ガラス棒でも割りばしでも代用OK（以下同）。育成用の容器を牛乳パックや紙コップにすると結晶を取り出しやすくなります。また、フラスコなどの球状の容器では結晶が自由に成長するので美しい形になりやすい。

溶かして結晶ができるのを待つ

［難易度］★★☆☆☆

1

2

3

4

実験の手順

1 水とリン酸二水素アンモニウムを耐熱グラスに入れて湯せんし、かき混ぜ棒で混ぜながら溶かす。

2 すべて溶けたら育成用の容器に注ぎ、カリミョウバンを数つぶいれる。

3 数日後、ニョキニョキと結晶ができはじめる。

4 完成。2週間後。中の液体を捨てると、いろいろな形の結晶が育っていた。

お湯をあつかうときは、ヤケドをしないよう気をつけましょう。

point ▶冬は溶液が室温になるまでタオルなどで容器を包む

寒い冬は温度が急に下がらないよう、ゆっくり冷まします。逆に夏は暑さで結晶が溶けてしまうこともあるので温度管理が大切です。また、育った結晶はこわれやすいので、取りあつかいに注意しましょう。

色をつけてみよう！

［難易度］★☆☆☆☆

色をつけたい場合は、左ページの実験の手順**2**のときに、カリミョウバンといっしょに食紅をほんの少し加えます。今回は青色の食紅を入れています。

液を捨てるまえ。

中の液体を捨てた直後。

食紅は時間とともに、どんどん退色します。

【結果】樹氷のような結晶ができる

室温約20℃で2週間放置していたら、どんどん成長した。また、容器が小さければ、冷まして冷蔵庫で育てたものでも美しく育ちますが、育成中はしん動がないように注意します。しん動をあたえると結晶が大きく育ちません。

▶育成中に動かしてしまった失敗作。

結晶をきれいに大きく育てるには？

いっぱん的に結晶はゆっくり時間をかけて育てると大きくなります。ビフォスファマイトの結晶は、①水溶液の温度を少しずつ下げることによって、液に溶けていられなくなったものを結晶にする「温度降下法」と②水溶液を少しずつ蒸発させることで濃度を高め、液に溶けていられなくなったものを結晶にする「溶媒蒸発法」を組み合わせた方法で作ります。また、温度をゆっくり下げて「過冷却」という状態を作り、そこに種結晶を入れることで大きな結晶が育ちやすくなります。まったく結晶ができなかった液にも、種結晶を再度投入するとそこから育ち始める場合もあります（→P.77）。

育てる溶液でいろいろな色の結晶ができる!

ミョウバン人工結晶実験

ミョウバンは少し工夫するだけで、簡単に美しい結晶を作ることができます。形のいいものだけを残して、結晶を大きくしていくことがポイントです。

【ミョウバン】
溶かすまえの、ミョウバンの結晶もキレイな八面体をしています。

用意するもの

- □ カリミョウバン　45g
- □ 水道水　100ml
- □ かき混ぜ棒
- □ 長いかみの毛(テグス)
- □ 耐熱グラス
- □ 割りばし

※ カリミョウバンの代わりに焼きミョウバンでも実験に使えます。焼きミョウバンはカリミョウバンを加熱し結晶水〔*〕をのぞいたものです。

お湯をあつかうときは、ヤケドをしないよう気をつけましょう。

溶かして結晶ができるのを待つ

［難易度］★☆☆☆☆

1

2

3

実験の手順

1 水道水を沸とうさせ、耐熱グラスに注ぎミョウバンを入れ棒でかき混ぜる。

2 かみの毛を割りばしにつけ、グラスの中に垂らしひと晩置く。翌日糸を取り出し結晶がついたら形のいいものだけ残し、あとは取りのぞく。ふたたび液に垂らして、ごみが入らないようにラップをかけ2〜3週間置く。

3 完成。

【結果】結晶ひとつを集中的に育てるとより大きくなる

かみの毛を飽和水溶液の中につるすと小さな結晶が育ちますが、大きく成長してくると毛からするりとぬけ落ちてしまうことがあります。毎日こまめにめんどうをみることが大切です。

「種結晶」を使い、もっと大きな結晶を作ろう！

［難易度］★★☆☆☆

結晶の材料となるカリミョウバンを補じゅうしながら、水を入れたボウルに容器が１／３くらい浸るようにして育成をすると、大きな結晶が育ちます。水の温度や量の管理が大変ですが、ワンランク上のきれいな結晶を作ることができます。

用意するもの

- □種結晶
- □カリミョウバン　70g
- □水　350ml（カリミョウバンを溶かす用）
- □500ml入りのペットボトル
- □細長い容器
- □水を入れたボウル
- □あみネット（台所用ネット）
- □輪ゴム
- □テグス

［種結晶の作り方］

①シャレーにミョウバンを水に溶かした水溶液を入れてひと晩置くと、翌日には「種結晶」ができます。

②P.76の実験のあと、ビーカーの底には「種結晶」といわれる不格好な結晶ができています。失敗したときや、もっと大きなものにちょう戦したいときにはこの「種結晶」を使いましょう。

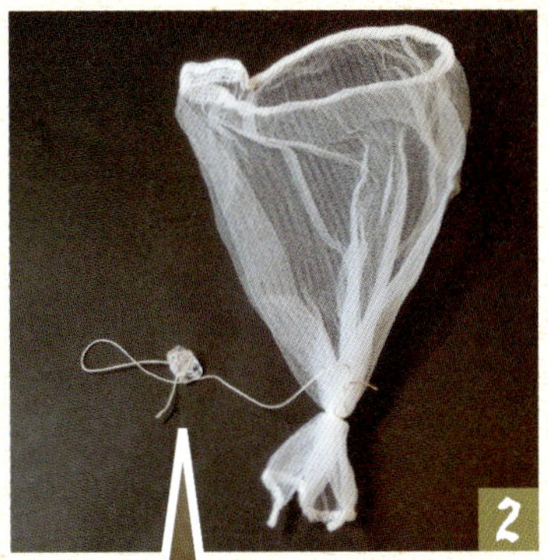

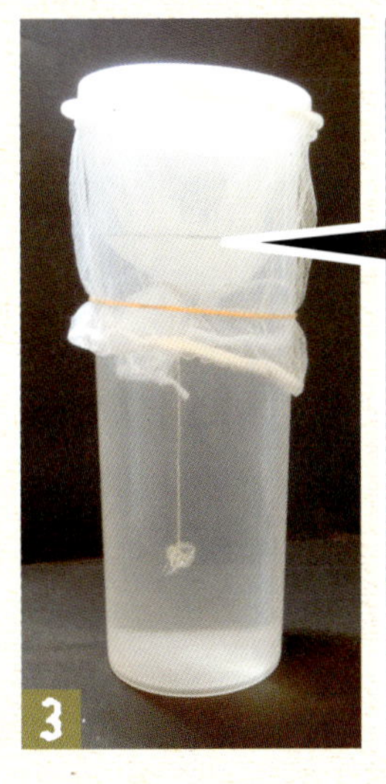

実験の手順

1 ペットボトルをよく洗い、水とカリミョウバンを入れ、ふたをしてふる。3日間くらいはときどきふって飽和水溶液〔*〕を作る。

2 種結晶をテグスで落ちないように結び、あみネットの閉じているほうに結びつける。

3 飽和水溶液を細長い容器に入れ、上から **2** のネットをかぶせ、種結晶が底の下から3分の1くらいの高さになるように調節し輪ゴムでとめる。そして、カリミョウバンを上から数つぶあみネットに入れる。

4 ごみが入らないようふたを閉め、水を入れたボウルにつけ、しん動や温度変化の少ない場所に置く。1日1回カリミョウバンを数つぶ、あみネットの上に入れ1週間育つのを待つ。

5 完成。美しい形から不思議な形のものなど大きな結晶ができる。紫色の結晶はクロムミョウバン。

point もっともっと大きく成長させるにはどうすればいい？

飽和水溶液〔*〕にただ種結晶をつるしていただけでは、結晶が成長するにしたがって水溶液の濃度が下がり、いちど成長した結晶が溶けてしまいます。そこでこまめに追加のカリミョウバンをあみネットに入れ、溶液の濃度を常に飽和状態に保つことできれいな結晶ができます。「密度拡散法」とは水溶液に濃度（密度）の差を作ることによって、種結晶の成長をうながします。（右図参照）

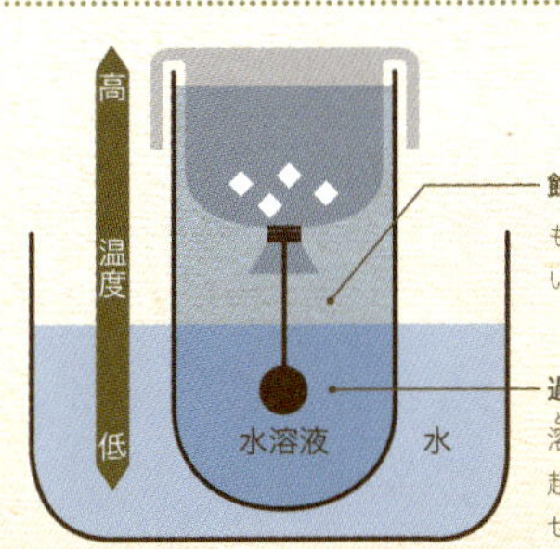

塩で再結晶実験

［難易度］★☆☆☆☆

いちど、溶かした塩からもっと大きな結晶を作る実験です。これを「塩の再結晶化」といいます。

【塩／塩化ナトリウム】
下の表を参考にして、水に溶ける塩の量（溶解度）と温度を確認しましょう。

水 100g（ml）

［温度（℃）］	［溶解度（g）］
0	36.6
10	35.7
20	35.9
30	36.0
40	36.4
50	36.7
60	37.0
70	37.5
80	38.0

用意するもの

- □耐熱グラス
- □塩（できるだけてん加物のない食塩）　80g
- □水　200ml
- □かき混ぜ棒
- □割りばし
- □モール

実験の手順

1 塩と水をグラスに入れ、棒で混ぜながら溶かす。混ぜたあと、30分くらい置き、うわずみ液をほかのグラス移す。

2 モールの先を輪っかにし、反対側を割りばしに巻きつける。輪にしたほうを、グラスの底から2㎝くらいの高さになるよう **1** に浸す。

3 完成。3日たつと、たくさんの塩の結晶が育つ。

point ▶**うわずみ液を捨てず、観察しよう！**

塩と水を混ぜたあとのうわずみ液をシャレーに移し、そのまま水分が蒸発するのを待ってみましょう。たくさんの塩結晶ができます。ルーペやけんび鏡でのぞいてみると、立方体をしているのが分かります。

塩は水の温度を上げても溶ける量にほぼ変化なし！

水の温度では塩の溶ける量にちがいがあまりありません。そのため「溶媒蒸発法」で溶けきれなくなった結晶を析出〔＊〕します（→ P.75）。モールやシャーレで育った結晶は小さいですが、これを「種結晶」とし、ミョウバンや砂糖と同じようにテグス糸でしばり飽和水溶液〔＊〕につるしておけば結晶が育ちます。ただし、ミョウバンや砂糖より温度と濃度の管理が難しいうえに、成長もおそく、大きく育てるには時間がかかります。

砂糖でブロック結晶実験

［難易度］★★☆☆☆

氷砂糖は砂糖の結晶です。これを種結晶とすることで短時間で大きな結晶を作ることができます。

【砂糖／スクロース】
下の表を参考にして、水に溶ける砂糖の量（溶解度）と温度を確認しましょう。

水 100g（ml）

［温度(℃)］	［溶解度(g)］
0	179.2
10	190.5
20	203.9
30	219.5
40	233.1
50	260.4
60	287.3
70	320.5
80	362.1

用意するもの

- □ 砂糖　600g
- □ 氷砂糖
- □ 水　200ml
- □ コンロ
- □ なべ
- □ かき混ぜ棒
- □ 割りばし
- □ テグス

お湯をあつかうときは、ヤケドをしないよう気をつけましょう。

1

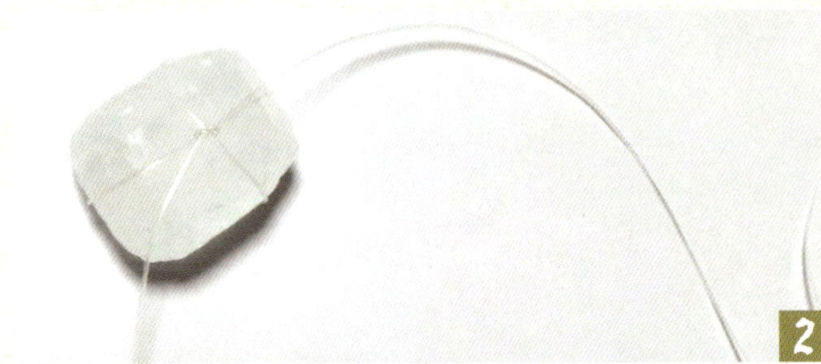

2

実験の手順

1 耐熱の容器に水と砂糖を入れて湯せんしながら溶かす。

2 氷砂糖を水洗いしたあと、テグスでしばる。

3 1 の溶液が熱いうちに、割りばしに 2 をつけて氷砂糖が容器の底から 2cm くらいの高さになるようにして固定する。

4 完成。大きく成長する。右が、成長するまえの氷砂糖の大きさ。

3

4

point ▶氷砂糖をよく洗い流して、でこぼこを減らそう!

手順の 2 のとき水で氷砂糖をよく洗わないと、結晶の表面にある小さなでこぼこに合わせて、結晶が育ってしまいます。また、溶液が熱いうちに種結晶を入れることでも、結晶の表面が少し溶け、でこぼこを少なくすることができます。

▶最初の洗いが足りずにでこぼこになった失敗作（左）。また小さな結晶を観察すると、みな氷砂糖と同じ形をしている（右）。

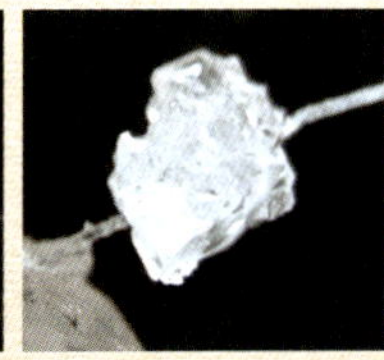

尿素でふわふわ雪結晶実験

［難易度］★☆☆☆☆

尿素は雪の結晶のようにふわふわと育っていくので見た目にも楽しい実験です。植物だけでなく、ダンボールやバルサ材で作ったものなどにふきかけてみましょう。結晶はどう育つかな？ いろいろ試してみましょう。

【尿素】
その名前のとおり、尿に多くふくまれる物質です。工業的には手あれ防止のためにハンドクリームや、冷却ざいなどに使われています。下の表を参考にして、水に溶ける尿素の量（溶解度）と温度を確認しましょう。

水 100g（ml）

［温度(℃)］	［溶解度(g)］
20	108
40	167
60	251
80	400

用意するもの

- □尿素　100g
- □洗たくのり(PVA)　5ml
- □台所洗ざい　3滴
- □お湯　100ml
- □耐熱グラス
- □かき混ぜ棒
- □かれ枝やドライフラワー、木の実など
- □スプレー(きりふき)
- □トレイ

※尿素は主に園芸コーナーで売られています。

お湯をあつかうときは、ヤケドをしないよう気をつけましょう。

実験の手順

1 耐熱グラスにお湯と尿素、洗たくのり、台所洗ざいを入れ、ゆっくりかき混ぜ棒で混ぜる（1分ほど混ぜたところで耐熱グラスをさわってみましょう。熱湯を入れたはずなのにひんやりとしています。これは尿素に熱を吸収する性質があるためです）。

2 かれ枝をしめらせて尿素の粉末を少しふりかけ、その上からスプレーに入れた**1**をふきつける。

◆直後

◆1時間後

◆3時間後

◆1日後

枝はグラスにさしトレイの上に放置。時間とともにどんどん結晶が成長します。

point ▶メリハリのあるものにふきつけよう！

形の面白いものにふきかけたり、あらかじめ水性ペンで着色しておくと、その色が尿素の結晶に移り色がついた結晶になります。

メタコセイヤの実
◆1日後

おもちゃのモミの木
◆3時間後

◆1日後

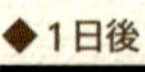

洗ざいが結晶を大きく育てる!?

結晶は「溶媒蒸発法」（→P.77）によって析出〔*〕し、成長します。洗ざいにふくまれる界面活性ざいに結晶を早く大きく育てる効果があります。また、洗たくのりを加えると結晶が細かく美しくなります。それぞれ加える分量を変えると、結晶の形や大きさが変わるのでいろいろ試してみましょう。

美しい「人工結晶」図鑑

鉱物は天然に産するものですが、同じ成分で人工的に作ることもできます。鉱物標本とはまたちがった美しいみりょくがあります。

硫酸銅(II)五水和物／カッパー(II)サルフェイト ペンタハイドレイト

Copper II Sulfate Pentahydrate

化学組成式から分かるように水（H_2O）をふくんでいるため、かんそうしてしまうと、表面が白い粉末でおおわれます。しかし、化学組成式が同じ天然結晶の胆礬（→ P.44）は放置していても白っぽくはなりません。

●化学組成式：$CuSO_4 \cdot 5H_2O$

▶硫酸銅（II）五水和物
ロシアやポーランドで作られる人工結晶は、母岩〔*〕に群晶〔*〕として成長させている。／ポーランド産

種結晶から作れる硫酸銅結晶

今は個人で硫酸銅をあつかうのは難しいですが、昭和の時代には理科の時間によく作っていた結晶です。ミョウバンと同じように1つの種結晶から育てていくので、群晶とはちがい大きな「単結晶」になりました。

▲硫酸カリウム
人工結晶のべっこう色は着色による。
／ポーランド製

リン酸カリウム／フォケナイト

Phokenite

色は着色によるもので、赤や黄色のものがあります。カリウムとリン酸の化合物ですが天然には見つかっていません。工業的に作られたものは白い粉末で、食品てん加物に使われています。

●化学組成式：K_3PO_4

▶リン酸カリウム
発色のよいあざやかな色が特ちょうの人工結晶。
／ポーランド製

リン酸塩／フォスフェイト

Phosphate

とてももろい結晶です。割れやすく、溶けやすいので取りあつかいには注意が必要です。

●化学組成式：PO_4

硫酸カリウム／ポタシウム サルフェイト

Potassium Sulfate

天然に存在する硫酸カリウムは、アルカナイトといい稀産鉱物〔*〕です。成分にカリウムや硫黄をふくむため肥料として売られています。

●化学組成式：K_2SO_4

▼リン酸塩
あわい水色が美しい、人工結晶。
／ポーランド製

▶▼紅亜鉛鉱
色のちがいはふくまれている不純物によるため、明確には原因を特定できない。同じ場所で採れてもちがう色ということは、よくある。
／ともにポーランド製

紅亜鉛鉱／ジンカイト

Zincite

現在流通している紅亜鉛鉱の多くは、亜鉛精錬工場のえんとつの内部などに育ったものです。工場内でできた結晶はマンガンをふくむため、天然の紅亜鉛鉱（→P.39）とはちがいオレンジや黄色、緑色などの美しい色をしています。

●化学組成式：$(Zn,Mn)O$

▶岩塩
自然にできた岩塩（→P.35）とはちがい、人工結晶として販売されている岩塩は、このような群晶〔*〕の形状のものが多い。
／ポーランド製

岩塩／ハーライト

Halite

母岩〔*〕を使って育成された人工結晶です。

●化学組成式：$NaCl$

まだまだ、おもしろ「人工結晶」があるぞ!

ミョウバン／アルム　Alum

母岩〔*〕を使って育成された人工結晶です（ポーランド製）。カリミョウバンにクロムミョウバンを混ぜることで美しい紫色になっています。クロムミョウバンを混ぜる割合によって色のこさを調節できます。

$AlK(SO_4)_2 \cdot 12H_2O$、$CrK(SO_4)_2 \cdot 12H_2O$

カリウム ヘキサシアノ鉄酸塩(II) フェロシアン化カリウム／プラスカイト　Pruskite

この人工結晶と同じ化学組成式の鉱物は天然には存在しません。色は鉄分による発色で、黄と赤があります。薬品としてフィルムを現像するのに用いられています。

$K_4[Fe(CN)_6]$ $3H_2O$

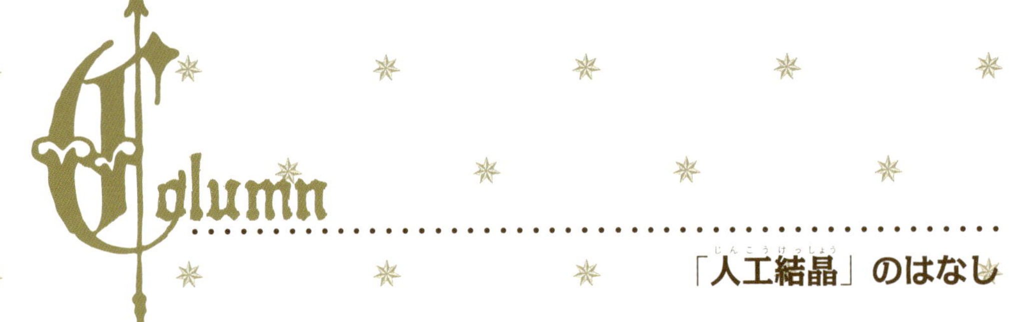

「人工結晶」のはなし

「高価で希少な宝石を作りたい」という夢は昔から多くの人がいだき、実際にちょう戦をしてきました。サファイアやルビーは早くから製造に成功しています。製造法は現代までにいくつか発明されましたが、最も有名な方法が「ベルヌーイ法」です。「火炎溶融法」ともいいます。装置の上部に原料を入れたあと落下させ、酸水素炎の中を通します。高温の炎によって溶けた原料は下に置かれた種結晶の上に落ち、少しずつ積み重なり数十時間で結晶が成長します。（1 2 3 4）

また、水晶はラスカとよばれる天然の石英を、オートクレーブというとても大きな装置で溶かして再結晶させることで純度の高い結晶を作ることができます。作られた結晶は水晶振動子としてパソコンや時計に使われています。（5）

同じように、蛍石も天然のものを真空高温で溶かし再結晶させ、純度の高い結晶を作ります。円柱状の結晶をスライスし、研磨して望遠鏡やカメラのレンズなどに仕上げます。（6）

1 ベルヌーイ法で作られたサファイア。／2 1 を小さく切断する。／3 2 を研磨整形して仕上げる。／4 スター効果（→P.15）で人気の人工宝石、スターサファイアやスタールビーにも人工のルチル〔*〕を使う。／5 人工的に作られた水晶。／6 海外で作られた蛍石の人工結晶。ブラックライトでもしっかり蛍光する。

Chapter 4 鉱物で遊ぼう

鉱物標本はコレクションするだけじゃもったいない!!
美しい音を奏でるサヌカイト、たたくとのびる錫(すず)、
ラジオの検波ができる紅亜鉛鉱(こうあえんこう)や黄鉄鉱……。
おしゃれにかざったりアクセサリーにしたり、
鉱物でいろいろ遊んでみましょう。

ケガをしないよう、遊ぶときはじゅうぶん注意しましょう。

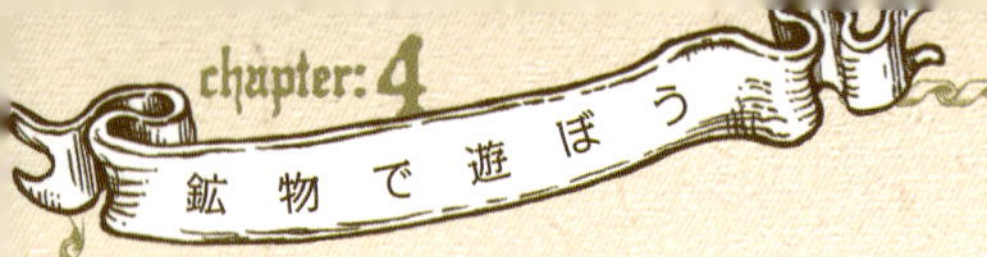

美しい音色を奏でよう！

サヌカイト石琴

サヌカイトとは石の名前です。たたくと高くすんだ音色がするので「カンカン石」ともよばれています。神秘的な音がするため石琴だけでなく、ふうりんなどにも使われているとても人気の高い石です。

【サヌカイト／讃岐岩】
岩石名は古銅輝石安山岩。斑晶〔*〕として古銅輝石をふくみ、少量の斜長石をともなうガラス質で細かいつぶの集合。名前は四国の讃岐地方で産出することから1891年にドイツの地質学者ヴァインシェンクにより名づけられました。

用意するもの

- □ 板（台1枚、側板2枚）
- □ テグス糸（8号くらい）
- □ 木ネジ　4本
- □ ドライバー
- □ 目打ち
- □ のこぎりカッター
- □ 石をたたくもの

※たたくものは、100円均一のおもちゃコーナーで売っている木琴やたいこ用のバチ、スプーンなどでいろいろ試してみましょう。
また、サヌカイトの本数に合わせて台のサイズは決めましょう。

のこぎりカッターを使うときは、注意しましょう。

どんな音がするのかチェックしてみよう。神秘的な音が流れるよ。

石琴の音も聞ける特設サイトはここ！
http://kirara-sha.com/club/

▶職人さんの手作り石琴は1オクターブも出る！

サヌカイトで石琴を作るのはとても大変です。現在では、香川県の職人さんがひとつひとつていねいにけずったり、磨いたりして調律し、1オクターブの音階にした「石の楽器サヌカイト」として作られているものもあります（協力：東京サイエンス）。

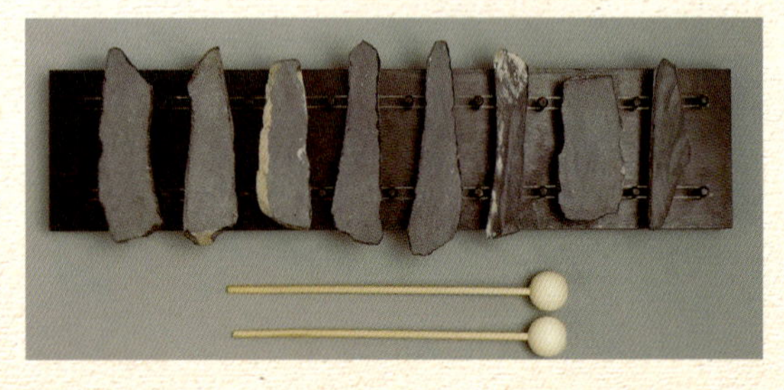

作り方

1 糸をかけるため側板２枚は、それぞれ短い辺の角を２か所のこぎりカッターで切り落とす。

2 台と側板をつなぐため、ネジ留め用の穴の位置を決め、台と側板にそれぞれ目打ちで穴をあける。

3 木ネジで台に側板を留める。

4 側板の **1** で切った部分にテグス糸をはる（側板の間かくに合わせて先に輪にしておいたものをかけると簡単）。

5 糸をぴんとはり、いろいろなサイズ、厚さのサヌカイトを乗せる。

6 完成。成分のほとんどがガラス質（または非常に細かい結晶）でできているため、たたくと金属に近いすんだ音がします。

サヌカイトの両はしを糸で結んでぶら下げるだけでも、美しい音を奏でる楽器になります。

鳴く砂がある!?

砂の上を歩くとキュッキュッと鳴る「鳴き砂」とよばれるものがあります。砂が鳴くメカニズムはまだ完全に解明されていませんが「主成分が石英のつぶであること」「よごれていないこと」「ある程度つぶの大きさがあること」が条件で、砂つぶの表面摩擦によるふるえが原因と考えられていています。コップに入れて上から棒をつっこんでみると、ふつうの砂は音が出ないのに、鳴き砂は音が出ます。日本国内には、宮城県の十八鳴浜、石川県の琴ヶ浜、京都府の琴引浜、島根県の琴ヶ浜など多数の鳴き砂の海岸があります。海外では、海岸だけでなく内陸部にあるさばくやさきゅうの砂でも鳴るものもあります。

雨の音にいやされるアフリカ生まれの楽器！

レインスティック

「レインスティック」の起源はアフリカといわれ、南米で雨ごいのぎ式のときに使われた楽器。サボテンをかんそうさせ上下にふると、内部に飛び出ているトゲに、ばらばらになった種が当たりザザ〜〜ザザ〜〜とまるで雨のような音がひびくというものです。

用意するもの

- □目打ち
- □メジャー
- □マスキングテープ
- □紙管
- □つまようじ
- □セロハン
- □輪ゴム
- □鉱物の欠片

※サボテンを紙管で、トゲをつまようじで、種の代わりに細かい鉱物の欠片を入れたレインスティックを作ります。つつの上下にセロハンでふたをするのですが、紙でも代用OK。

作り方

1 紙管はメジャーをぐるぐると下まで巻いて、マスキングテープで仮止めする。

2 目打ちは目打ち穴の大きさを均一にするために、針先から2㎝ぐらいのところにマスキングテープを巻いておく。

3 メジャーの目盛（5㎜間かく）に合わせて目打ちで穴を開けていく。

4 開けた穴につまようじをさしていく。

5 さし終わったら紙管を上から見て、らせん階段のようになっているか確認をする。

6 紙管の片方にセロハンをかぶせ輪ゴムでとめ、ふたをする。

7 逆さまにして鉱物の欠片を入れる。

8 反対側もセロハンをかぶせ輪ゴムでとめる。

9 完成。ゆっくりと上下させてみましょう。紙管は長いほうが長い時間、音を楽しむことができ、鉱物の種類によっても音が変化します。いろいろな鉱物で試してみましょう。

9 完成

1

2

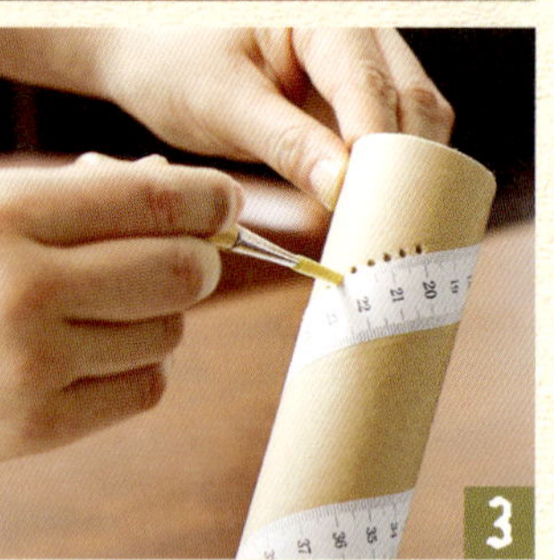

3

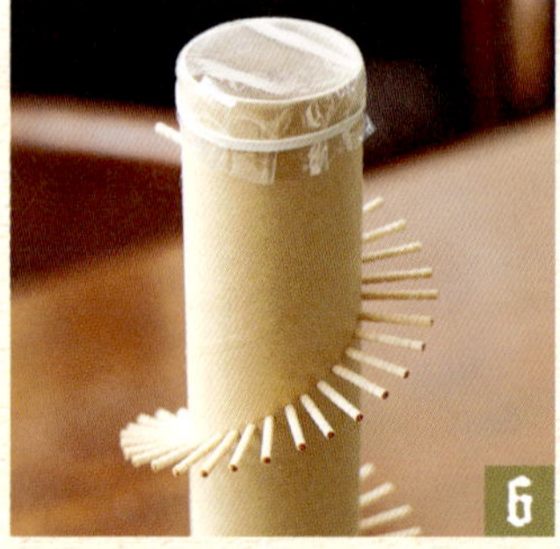

6

4

7

5

8

植物との相性ばつ群！世界が広がる

鉱物テラリウム

ガラスびんやビーカー、グラスなどの透明な容器に鉱物と植物を寄せ植えをして、自分だけの小さな世界を作ってみましょう。

用意するもの

- □ 容器
- □ 砂
- □ スプーン
- □ ピンセット
- □ 植物、サンゴ
- □ 鉱物

4 完成

1

2

3

作り方

1 容器に、スプーンで砂を入れる。

2 植物を植える。

3 バランスを見ながら砂を入れたあと、ピンセットで鉱物を配置。

4 完成。サンゴを入れ完成。100円均一などでもサボテンや多肉植物が売られています。いっしょにきれいな砂も置かれているので、工夫して作ってみましょう。

入れ物や中身を変えてみよう！

ケースは、スノードームキッドを使用。コケなどを入れることでミニぼんさいふうに様変わり。

鉱物標本をイメージしてコラージュしよう!

空想鉱物のオブジェ

鉱物標本は、母岩〔*〕に何種類かの鉱物が共存しているものも多くあります。そんな標本をイメージして鉱物や鉱物以外のパーツを接着して空想の標本を作ってみましょう。

用意するもの

- □ エポキシ系の接着ざい
- □ 台紙(接着ざい用)
- □ つまようじ(接着ざい用)
- □ ピンセット
- □ コラージュする鉱物やパーツ、ウラングラスなど

※ 鉱物やガラスなどにしゅん間接着ざいを使用すると、透明な部分が白くにごってしまいます。そこで鉱物やフィギュアをくっつけるときにはエポキシ系の接着ざいを使用しましょう。

かん気をしながら作業しよう。

1

2

3

4 完成

作り方

1. 台紙の上にエポキシ系の接着ざいを出し、つまようじで混ぜる。
2. 台座となる鉱物にパーツや鉱物を 1 の接着ざいでつける。
3. 蛍光するウラングラスをつけ、ブラックライトを当てる。
4. 完成。蛍石と水晶が共存している随伴鉱物をもとに、イメージをふくらませました。使わなくなった時計の部品など、身近なものをくっつけてみましょう。

組み合わせは自由自在! いろいろつけてみよう!

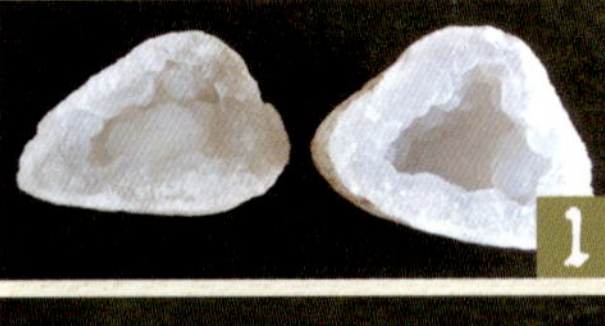

1

2

3

4

作り方

1. モロッコ産晶洞を半分に割る。
2. 中に中国湖南省産の蛍石を接着する。
3. そこに氷の欠片をイメージして両錐水晶と蛍光砂、フィギュアを内側に接着する。
4. 完成。ブラックライトを当てると光ります。

雪と鉱物がキラキラとげん想的！

スノードーム

鉱物を入れたスノードームを作ってみましょう。水に入れると鉱物は透明度を増してキラキラします。

用意するもの

- □ピンセット
- □スポイト
- □タオル
- □エポキシ系の接着ざい
- □つまようじ（接着ざい用）
- □台紙（接着ざい用）
- □スノードームキット
- □アクリル板
- □フィギュア
- □鉱物

※スノードームキットのゴムせんに合うサイズであればアクリル板の代わりに、金属ではないビンのふたでもOK。

岩塩などの水溶性の鉱物や黄鉄鉱などのサビやすい鉱物をスノードームには入れることはできません。かん気をしながら作業しよう。

1

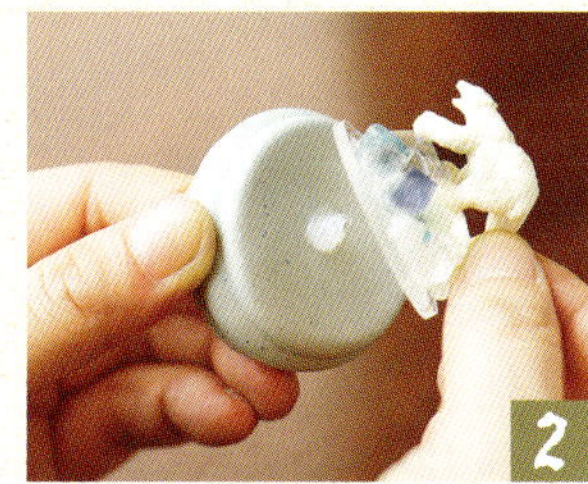

2

3

4

5 完成

作り方

1 接着ざいを出し、つまようじで混ぜる。ピンセットを使いアクリル板と鉱物、フィギュアを接着する。

2 アクリル板をゴムせんにくっつける（中心部分だけに接着ざいをつけると、あとでゴムせんがしやすい）。

3 ドーム本体にスノーパウダーと水道水を入れ、ゴムせんをする。

4 空気が入っている場合は、下にタオルをしきスプーンの柄をさしこみゴムせんとドームにすき間を作り、そこからスポイトで水を注ぐ。

5 完成。日本ではスノードームというよび方がいっぱん的ですが、今回のキットのような球形のものは英語でスノーグローブといいます。

世界に1つだけのハンドメイドを身につけよう！

鉱物アクセサリー

クラフト用の金属パーツや時計ケースに、ヒューズや歯車などと鉱物を、可愛くかざって、アクセサリーを作りましょう！

用意するもの

- □エポキシ系の接着ざい
- □つまようじ(接着ざい用)
- □台紙(接着ざい用)
- □ピンセット
- □マニキュア　好きな色
- □台となるパーツ
- □鉱物やコラージュしたいパーツ

※台となるパーツは使わなくなったうで時計や、手芸店で売っているヘアアクセのパーツを使用するなど、いろいろ工夫してみましょう。

かん気をしながら作業しよう。

1

2

3

4 完成

ベースとなる台を変えるだけでもふん囲気がぐっと変わります。

作り方

1 台となるパーツにマニキュアで背景色をぬる（最初にマットな白をぬり、かわいてからほかの色を重ねると発色がよくなる)。

2 エポキシ系接着ざいを出し、つまようじで混ぜる。

3 小さな金属パーツや、欠けてしまった鉱物標本の欠片を接着ざいで 1 にくっつける。

4 完成。チェーンを通してネックレスにも、ピンを後ろでとめてバッジにもできます。

作り方の基本は同じ！　アクセサリーをいろいろ作ってみよう!

うで時計　*Watches*

こわれたうで時計の中身を取り出し、外側のケースを台にして鉱物標本をコラージュします。

1

2

完成

作り方

1 時計の文字ばんや部品を取り外す。
2 接着ざいで鉱物と造花をコラージュする。

ペンダント　*Pendant*

ペンダントヘッドにすずしげな透明感のある鉱物とヒトデをくっつけました。2つ作ってイヤリングにしてもすてきです。

作り方

1 ペンダントヘッドなど台にするパーツに接着ざいで、石や貝がらをつける。

1

完成

ループタイ　*Bolo tie*

英字の紙を背景にしくと、ぐっとレトロなふん囲気が出ます。はりつけるアイテムもアイデア次第ではばが広がります。

1

作り方

1 ベースになる部分に新聞などをはりつけたあと、化石や時計の部品をくっつける。

完成

ヘアアクセサリー　*Hair accessory*

手芸店などで売っている、ヘアアクセの台には、このほかにもいろいろあります。探してみましょう。

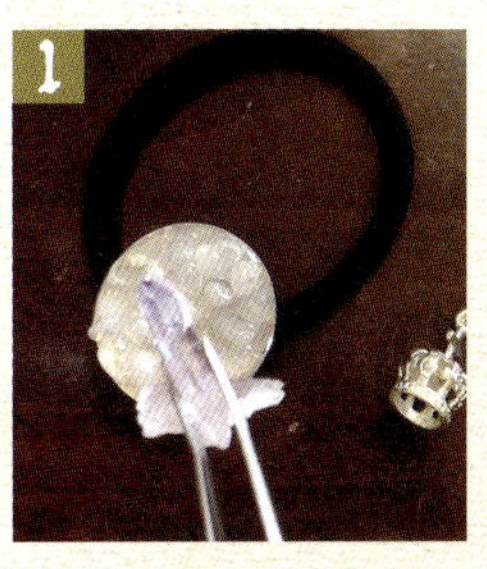

1

作り方

1 ヘアゴムのベース部分に接着ざいをぬり、鉱物とクラウンをくっつける。

完成

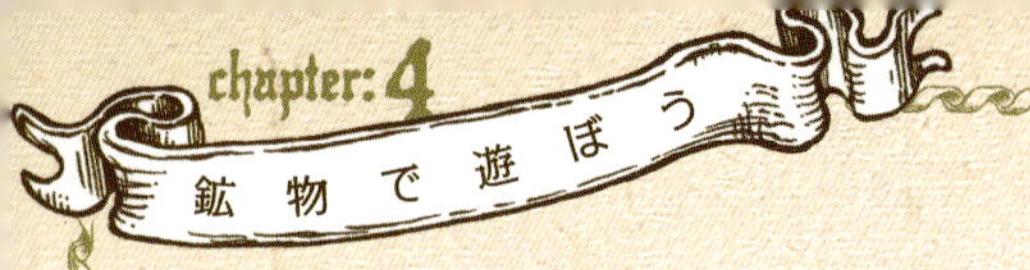

お気に入りの鉱物をつめこんだ宝箱！

標本箱

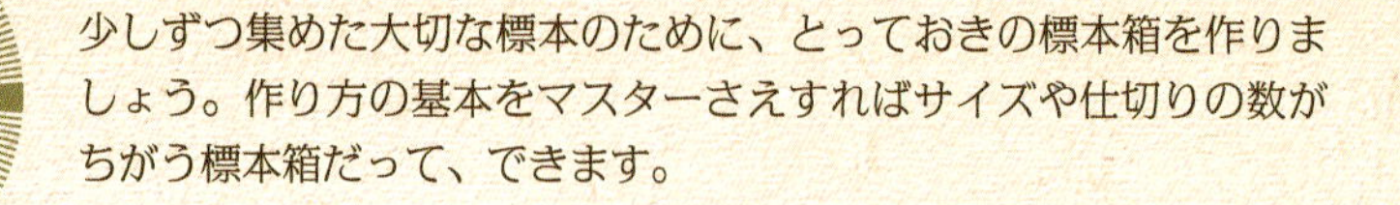

少しずつ集めた大切な標本のために、とっておきの標本箱を作りましょう。作り方の基本をマスターさえすればサイズや仕切りの数がちがう標本箱だって、できます。

用意するもの

- □バルサ材の板（縦80㎜×横600㎜×厚さ5㎜）　1枚
- □みぞつきヒノキ棒（縦900㎜×横5㎜×高さ5㎜）　1本
- □ものさし
- □カッター・カッターマット
- □水性スティン
- □塩ビ板（72㎜×92㎜）
- □木工用ボンド
- □塩ビ用ボンド
- □エポキシ系接着ざい
- □布きん
- □ちょうつがい　2つ
- □くぎ　8本

※バルサ材の板はやわらかく、カッターで切ることができるので、工作におすすめ。ふたに使う塩ビ板の代わりに透明（とうめい）な下じきでもOK。

カッターで指を切らないよう注意しましょう。

組み立てるのに必要なもの

［箱本体］
バルサ材の板
1 45㎜×100㎜　2枚
2 45㎜×70㎜　2枚
3 90㎜×70㎜　1枚

［留め具］
4 ちょうつがい　2つ
5 くぎ　8本

［ふた］
みぞつきヒノキ棒
6 100㎜　2本
7 70㎜　2本

塩ビ板
8 72㎜×92㎜

［仕切り板］
バルサ材の板
9 2枚

5㎜
18㎜
38㎜
70㎜

▶箱本体はバルサ材の板で作ります。丁ねいに下書きをしてカットしましょう。いっきに切ろうとせずに、何回かに分けて少しずつカットするのがポイントです。

4

5

作り方

【箱本体・仕切り板】

1 【組み立てるのに必要なもの】の寸法をもとにバルサ材の板に箱本体と仕切り板の線をひく。

2 線にそって、力を入れずに少しずつカッターで切断をする。

3 水性スティンをぬる。かわいたら木工用ボンドをつけ組み立てる。

【ふた】

4 みぞつきヒノキ棒は【組み立てるのに必要なもの】の寸法をもとに4つに切り、角を木工用ボンドでコの字型につける（木工用ボンドは指でつけましょう。はみ出したら、ぬらした布きんでふき取ります）。

5 塩ビ用ボンドをヒノキ棒の側面につけ、ものさしをそえギュッとおさえ真っ直ぐに塩ビ板と接着する。

6 かわいたふたを本体の上にのせ、エポキシ系の接着ざいでちょうつがいをつけ、くぎをさしたら完成（バルサ材はやわらかいので、くぎは指でおしこめます）。紙に鉱物名や採取した場所を書き、鉱物といっしょに保管しましょう。

6 完成

持ち歩きもできちゃう、プチ標本箱

標本ネックレス

P.95の標本箱を作るテクニックを使ってネックレスにしてみましょう。日がわりで標本の入れかえもでき、お気に入りの鉱物をいつでも持って歩くことができます。

用意するもの

- □ バルサ板(縦80㎜×横600㎜×厚さ4㎜)　1枚
- □ 塩ビ板(縦29㎜×横39㎜)　1枚
- □ 金属製ものさし
- □ カッター・カッターマット
- □ 木工用ボンド
- □ 塩ビ用ボンド
- □ 布きれ
- □ ミネラルタック

※色をつけたい場合は水性スティンでぬります。また、ミネラルタックは標本を台やケースに固定するためのもの。適量をとり、練って丸めて使います。

組み立てるのに必要なもの

［箱本体］バルサ材板

1 40㎜×30㎜(背板)　1枚
2 36㎜×25㎜(底板)　1枚
3 36㎜×22㎜(天板)　1枚
4 40㎜×25㎜(側板)　2枚

▶側板と底板それぞれ、ふちから1.5㎜の部分に線を引いておこう。(作り方 1)

［ふた］バルサ材板

5 36㎜×3㎜(ふた用の板)　1枚
6 塩ビ板(縦29㎜×横39㎜)　1枚

▶ふた用のバルサ材板の中心にも線を引いておくと塩ビ板を当てる位置が分かりやすい。(作り方 2)

作り方

1【組み立てるのに必要なもの】の寸法をもとにバルサ板、塩ビ板を切り、パーツをカットし、ふた用のみぞを作る。側板にふちから1.5㎜の線にそってものさしをおしつけへこませる。同じように底板も、ふちから1.5㎜の部分をへこませる。

2 スライド式のふたを作る。塩ビ用のボンドを塩ビ板にぬり、あらかじめかいておいた線にそってバルサ材板にぎゅっとおしつけ接着する(塩ビ板が少しうまるぐらいの強さでおす)。

3 完成。木工用ボンドで箱本体を組み立てたら切手や鉱物をセットする。鉱物はミネラルタックなどで、くっつけると取り外しがしやすいです。

1

2

3 完成

まるで博物館の展示品！

ガラスドーム標本

アクセサリー用の小さなガラスドームを使って、博物館にあるような標本ケースのミニチュア版を作ってましょう。

用意するもの

- □ガラスドーム
- □金属台
- □スライドガラス
- □鉱物
- □ガラスカッター
- □エポキシ系接着ざい
- □台紙（接着ざい用）
- □つまようじ（接着ざい用）
- □ラベル用シール

かん気をしながら作業しよう。

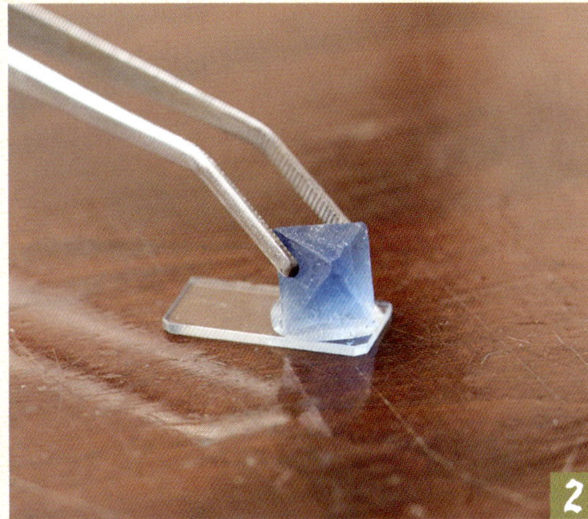

作り方

1 エポキシ系接着ざいを台紙に出して、つまじょうじで混ぜる。

2 ガラスカッターで小さく切断したスライドガラスに、好きな標本をくっつける。

3 ラベルを作り、ピンセットで標本の下にはったら、**2** を立てるように金属台に接着し、ドームをかぶせる。

4 完成。鉱物だけでなく、化石などをくっつけてもいいでしょう。

融かして！ たたいて！ のばして！ 金属元素で遊ぶ

錫豆皿

錫はやわらかい金属なので、その特性を生かし自分の好みの形に変えられます。今回は、たたいて、のばして豆皿にしてみましょう。

【錫】
今回は、チップの錫を使用。

用意するもの

- □錫　約25g
- □レードル（おたま）
- □コンロ
- □平たい金属台
- □丸い金属台
- □ハンマー
- □金切りばさみ
- □重曹
- □トレイ

※錫を融かすときは、ヤケドしないようにじゅうぶん注意しましょう。

火を使うので、必ず大人といっしょに作業しましょう。

作り方

1. 錫はレードルにのせて火にかけ融かす。
2. トレイに 500 円玉くらいのサイズの円を作るよう、1を丸く垂らす。不要な部分は冷めてから金切りばさみで切る。
3. 平らな金属台の上でハンマーを使い、たたいてうすくのばす。
4. 丸い金属台の上でたたき丸みをつける。
5. 最後に重曹をつけよく水洗いをし、完成。裏面はハンマーのあとで、いい味になっています。

変げん自在の金属元素「錫」のはなし

金、銀、銅など元素金属は、いろいろな道具やアクセサリーに使われます。特に錫は水をきれいにしたり、熱伝導率がほかよりも優れています。そのうえ、銀のように黒ずんだり、さびたりしない安定した金属なので、人体へのえいきょうがありません。錫（Tin）は原子番号 50 の元素で、元素記号は Sn（→ポスター参照）。自然では錫石として産出します。ふだんは正方晶系の「β 錫構造」をしていて「白色錫」ともよばれています。β 錫は、高温（161℃以上）で斜方晶系の「γ 錫（斜方錫）」に、低温（13℃以下）で「α 錫（灰色錫）」に変わります。実際にはその温度で急に変化が起るわけではありませんが、長い間低温状態に置かれた錫製品がふくれ上がり、こわれてしまうことがあります。これは「α 錫」に変化したためです。

「錫鳴き」を聞いてみよう！

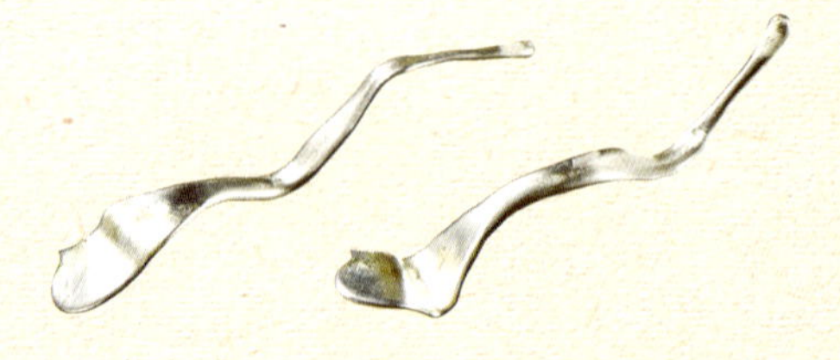

錫はうすいと簡単に手で曲げることができ、曲げるとギシギシッ、パリパリというような高い音がしますが金属音がするだけで、折れません。この音は「錫鳴き」とよばれています。錫鳴きは曲げることによって結晶構造が変形して起る音です。

用意するもの

- □ 錫棒
- □ 金切りばさみ
- □ ハンマー
- □ 目打ち
- □ 平らな金属台
- □ 丸い金属台
- □ 布きれ
- □ 金属磨きざい

※金属磨きざいは銀やしんちゅうを磨くためのもので、100円均一でも売っています。

工作するときに注意が必要な「錫に似た元素金属」

【ピュータ／白目】
錫にアンチモンや銅、鉛などを混ぜた合金です。錫よりもかたく、アクセサリーなどには向いていますが、鉛をふくんでいるので食器には使えません。

【ホワイトメタル／バビットメタル】
ホワイトメタルは、錫・アンチモン・銅・鉛の合金です。1850年ごろアメリカのアイザック バビットにより発明されバビットメタルともいわれます。鉛をふくむので工作にはあまりおすすめできません。

クチに入れても大じょう夫！ 錫でスプーンを作ってみよう！

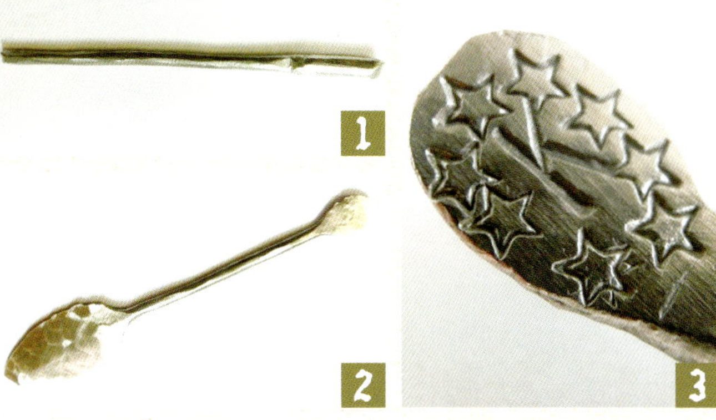

5 完成

[back]

作り方

1 錫棒は、作りたいスプーンの長さに合わせて金切りばさみで切る。平らな金属台の上で柄部分をハンマーでたたいて細くのばす。

2 柄の両はしもたたき、クチに入れる丸い部と反対のかざり部分の大わくを広げる。

3 かざり部分は金属製のねじやくぎなどを置き模様をつける。（今回はちょう金用のタガネで模様をつけています）

4 丸い金属台にのせてハンマーでたたき、くぼみを作り口に入れる部分の形を整える。

5 金属磨きざいを布に少量つけて磨き、重曹をつけ水で洗って完成。いびつになってしまった場合は金切りばさみで形を整え、切り口は目打ちなどの丸い金属棒でこすって角を丸くします。

▶錫はいろいろな形状で売られています。目的に合わせて選びましょう！

【ショット】 小さなしずく型で少しだけ使いたいときに適しています。

【ボール】 球状です。このまま使っても楽しいです。

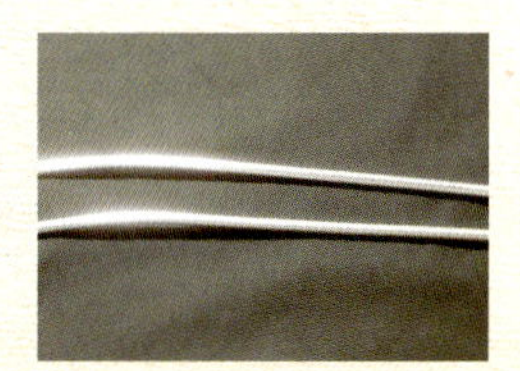

【棒】 棒状で細長いものを作るときに適しています。

【チップ】 融かして使います。

鉱物が織りなす光の模様にうっとり！

きらめき万華鏡

小さな鉱物の欠片、割れてしまった結晶……。手の中で見るとちっぽけですが万華鏡に入れると色が重なり、美しい模様がくるくると変化します。

用意するもの

- □ 紙管
- □ ミラーシート
- □ ボール紙
- □ 塩ビ板
- □ うすい紙
- □ カッター
- □ のこぎりカッター
- □ 透明（とうめい）フィルム
- □ 木工用ボンド
- □ オブジェクト（鉱物の欠片や歯車などのこと）

手を切らないように注意しよう。

作り方 7 組み立ての下準備

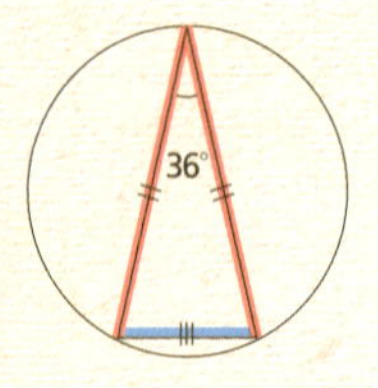

ミラーシート×2枚

ボール紙×1枚

紙に紙管内側の円をかき、この円周内に接する頂角が36度の二等辺三角形をかいたら、図のように辺の長さに合わせてミラーとボール紙をカットする（長さは紙管に合わせる）。

作り方

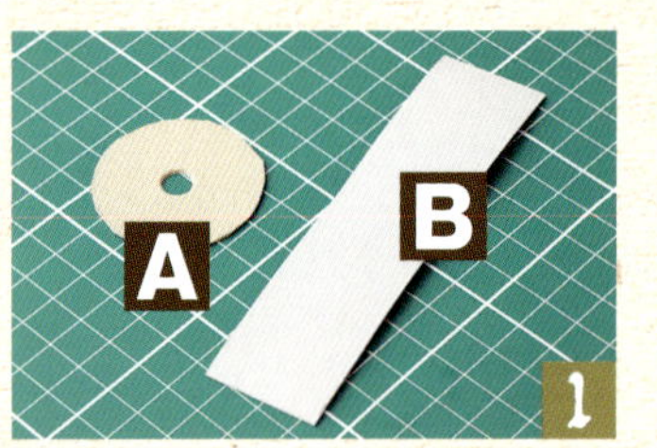

1 紙管の円に合わせ丸くカットしたボール紙にのぞき穴をあけた A とチェンバー部分（オブジェクトを入れる部分）の内側に入れるボール紙 B を作る。

2 のこぎりカッターで紙管を切り、本体部分とチェンバー部分（B の紙が1㎝、チェンバー部分からはみ出すはば）とに分ける。

3 1 でチェンバー部分の内側に用意した B をはる。

4 本体部分に、1 の A を木工用ボンドではりつける。

5 チェンバー部分の底に紙管よりひと回り大きく切った塩ビ板をはる。

6 塩ビ板がしっかりくっついたら、カッターではみ出した部分を切り落とす。

7 左の【作り方 7 組み立ての下準備】を参考にミラーシートとボール紙を切る。

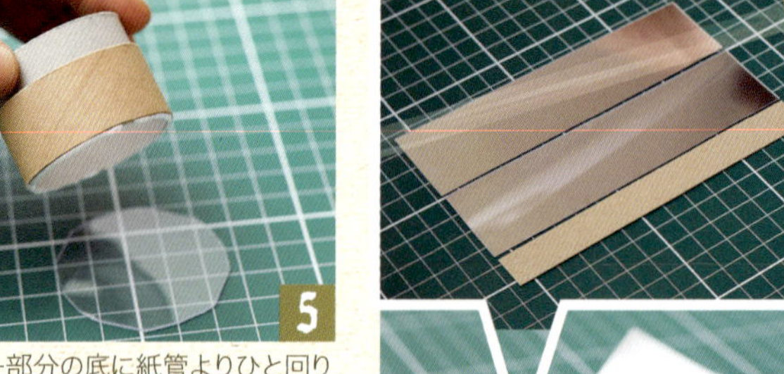

8 7 をセロテープでつなげ、ミラーを組み立てる。

9 本体の中に組み立てたミラーを入れ、チェンバーにオブジェクトを入れる。

10 すき間をうすい紙などをつめてうめる。

11 チェンバーに、透明（とうめい）フィルムをかぶせて本体をつなぐ。

完成。本体に、シールなどをはりオリジナルの万華鏡にしましょう。

頂角が 36 度の二等辺三角形にミラーを組むと中心に五角形や星型が見えます。

本体の中に入れる鏡の形を変えると、見え方が変わる!?

長方形のミラー 3 枚で、正三角形になるように組んだものが最もいっぱん的な万華鏡の鏡の組み方です。平面的で広がりのある映像となります。

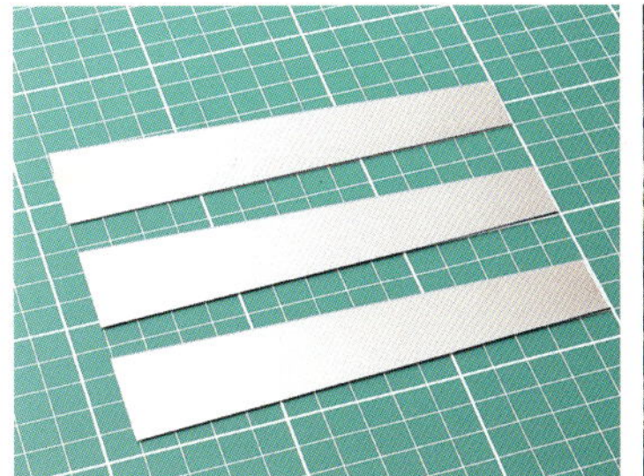

使うミラーを台形にして組み立てると、立体感のある映像になります。テーパード式とよばれ、台形の形をいろいろ変えると立体感も変化します。

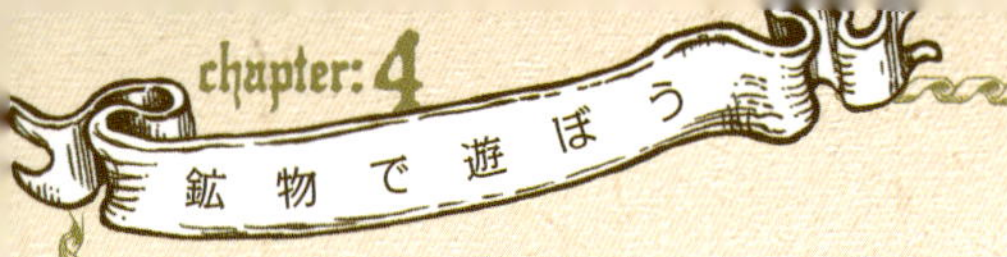

空中にただよう音を聞く！

鉱石ラジオ

目には見えないけれど、空中には無数の電波が飛び交っています。電源がないのにアンテナで受信した電波の中から特定の電波だけを拾い、聞こえるようにするのが鉱石ラジオです。

鉱石ラジオのアンテナは2チャンネルあります。どちらのチャンネルが電波をつかまえられるか、アンテナ（片足プラグ）をつないでみましょう。配線が完りょうしたら箱本体をカスタマイズ。つまみの周りに、かざりの数字入り円ばんをはると、レトロなふんいきがぐっと出ます。

※電線が地中にうまっている地域ではこの鉱石ラジオのアンテナは使えません。ちがうアンテナが必要です。

用意する道具

【道具】

- □ハンダごて
- □ハンダ・ハンダ台・ハンダ置き
- □ドライバー（アンテナづくり、コンセントタップ作業のとき使用）
- □ニッパー（配線に使用するリード線についているビニールを取るとき使用）
- □ポンチとハンマー（箱に穴をあけるとき使用）
- □直径3㎜ドリル（検波アームの板に穴をあけるとき使用）
- □木工用ボンド（検波アームを作るときに使用）

ハンダを使うときは、やけどに注意し、大人といっしょに作業しましょう。

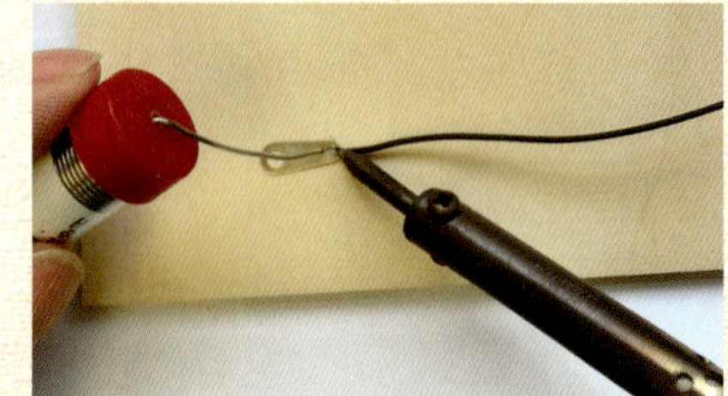

パーツを作る

[スパイダーコイル]

用意するもの

□ スパイダーコイル

□ 直径0.5㎜のエナメル線 15m

作り方

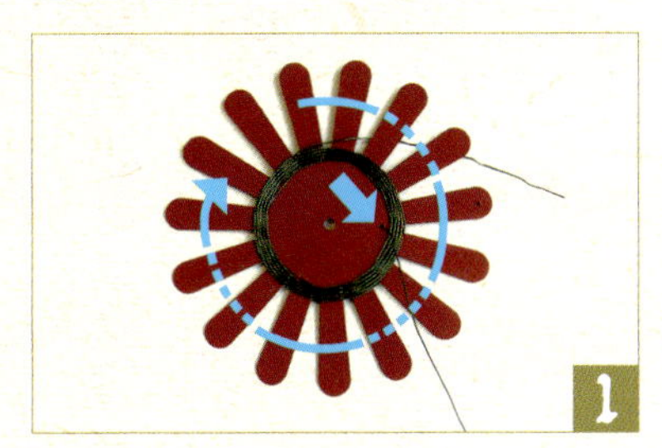

1

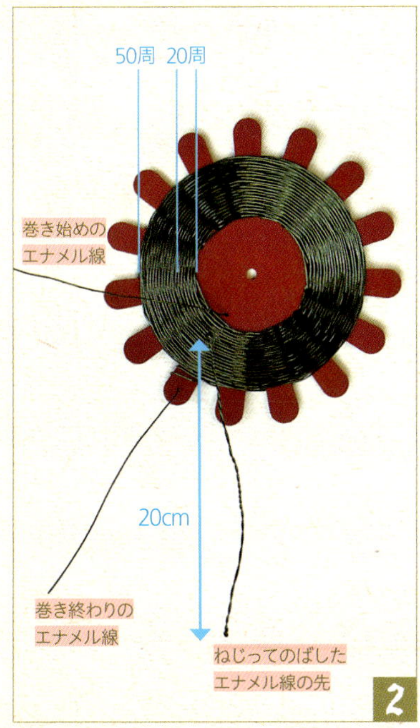

1 スパイダーコイルにエナメル線を巻く。まずあしの根元の穴に通し、そのあとあし２本おきに向こう、手前と編むように巻く。

2 20周したところで、20㎝ほどのばして半分に折り、ねじり合せる。そのまま続けて50周巻く。

[アンテナ（片足プラグ）]

用意するもの

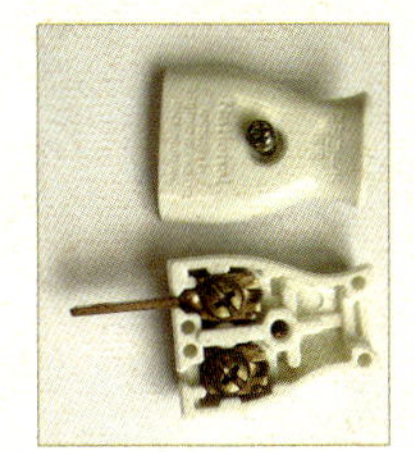

□ コンセントタップ

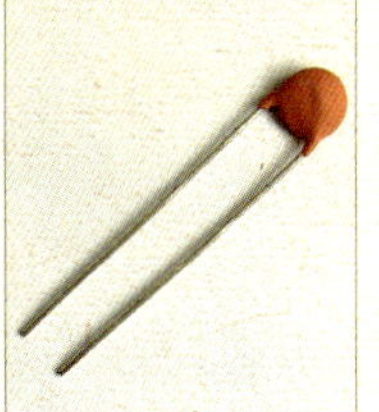

□ コンデンサー

□ リード線

※リード線はビニールに包まれています。そのため、電気を通すには先のビニールをニッパーで少し切りはずし、芯（しん）の金属部分をさらします。長さは箱に合わせて決めましょう。

作り方

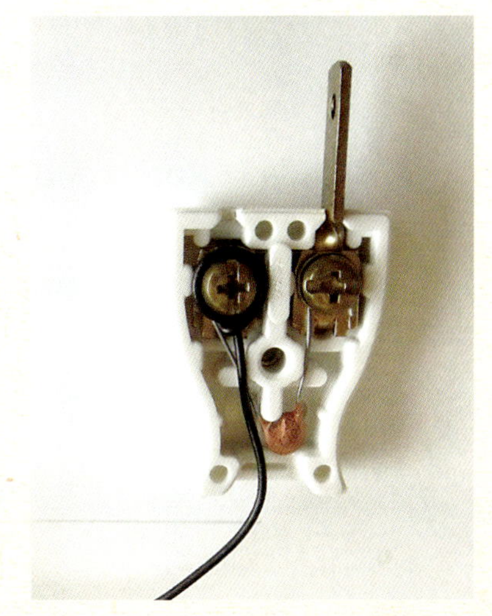

1 コンセントタップはネジをはずし、あしを１本とる（残ったほうの片足プラグをコンセントにさすことで電波をつかまえます）。

2 コンデンサーを左右のネジにハンダづけする。

3 あしを取ったほうにリード線をつなぐ。

[検波アーム]

用意するもの

□ 板A：厚み2×横10×縦40㎜ 2枚
□ 板B：厚み2×横10×縦60㎜ 2枚
□ 板C：厚み5×横10×縦25㎜ 1枚
□ 3㎜ナット 2つ
□ ボルト 2つ

作り方

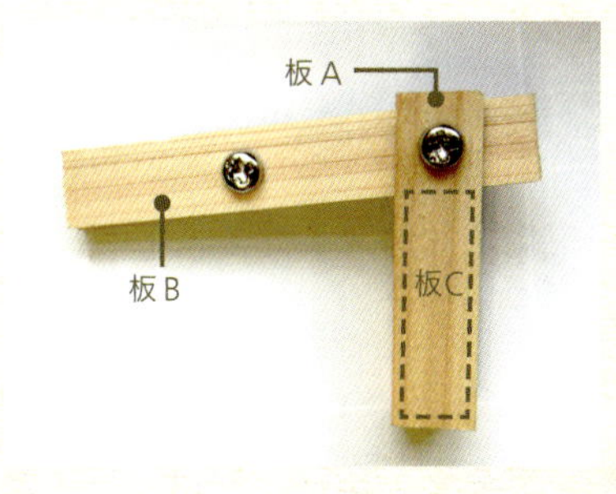

1 板Cを板Aではさみ木工用ボンドで接着する。
2 板Bは２枚重ねてボルトとナットで中心をとめる。
3 1で2をはさみボルトとナットで接続する。

[検波皿]

用意するもの

□ 検波皿

□ 検波皿棒（真（しん）ちゅう製のねじ棒）：直径3㎜×長さ5㎝

作り方

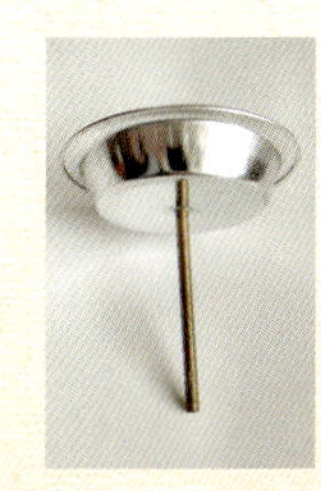

1 検波皿の底の中心に検波皿棒を垂直にハンダづけする。

配線をする

用意するもの

☐ 箱(本体)

※ 本体となる箱のサイズや形は好きなものを選んで OK。
ふたと側面の部分にポンチで穴をあけましょう。

☐ タマゴラグ 2つ

☐ 2cm角ポリバリコン(端子(たんし)2つのもの)

☐ ダイヤルつまみ2つ
(つまみ(大)はポリバリコン用、
つまみ(小)は切りかえスイッチ用)

☐ リード線(20cm) 8本

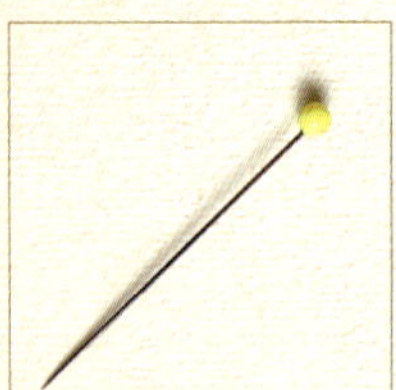

☐ 検波針(待ち針)

☐ 1Pターミナル5つ(箱の前面イヤフォン用に2つ、
ふたにアースとアンテナ用に3つ)

☐ クリスタルイヤフォン

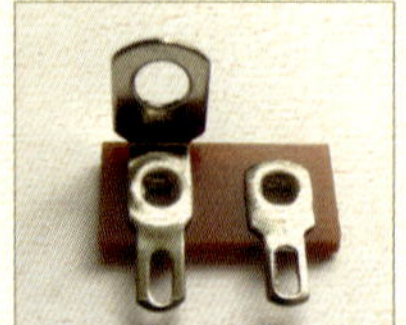

☐ ラグ板(1L1Pラグ板)

☐ モクネジ
(直径3mm×長さ8mm)

☐ ポリバリスペーサー

☐ ゲルマニウムダイオード1N60

☐ 切りかえスイッチ 1つ

鉱石ラジオの部位をチェックしよう！

[配線イメージ]

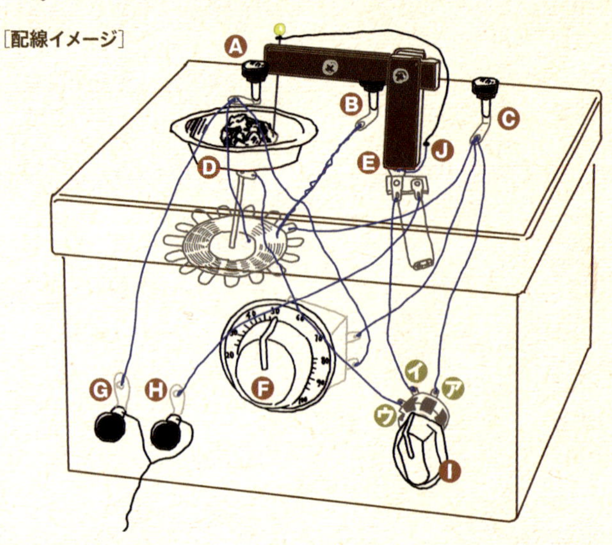

A アース
B アンテナ1(20巻き)
C アンテナ2(70巻き)
D 検波皿
E 検波アーム
F ポリバリコンつまみ
G イヤフォン1
H イヤフォン2
I 切りかえスイッチ
J 穴

[回路図]

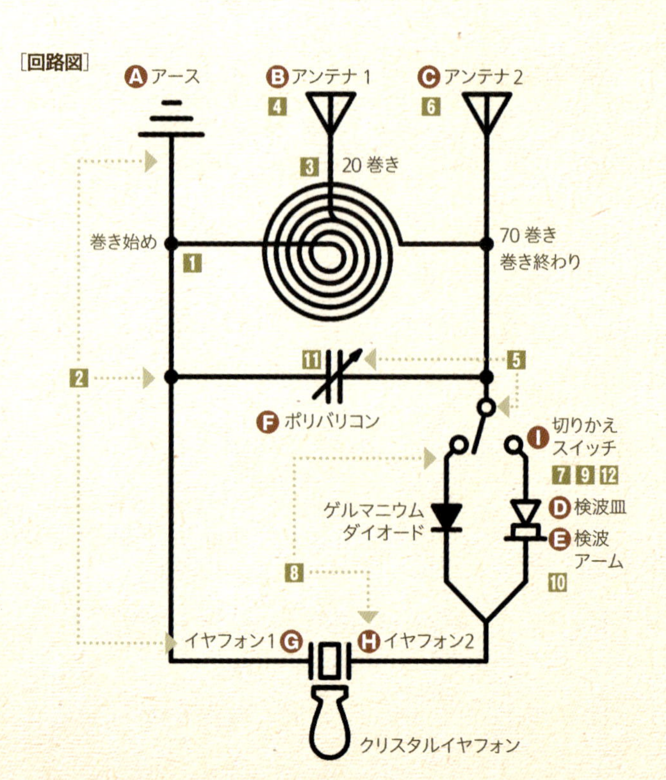

作り方

1 1P ターミナルを分解し、そのラグ穴にスパイダーコイルの巻き始めのエナメル線の先と、２本のリード線の先をいっしょにとおして、３つの線をハンダづけする。

2 **1** で分解した 1P ターミナル本体をⒶの穴に外側からさし、内側から **1** をナットでとめる。Ⓖの穴に別の分解した 1P ターミナルの本体をさしこみ、ラグをつけ、先ほどⒶにとめたリード線のいっぽうをラグとつないでハンダづけし、ナットでとめる。Ⓐにとめたもういっぽうのリードは、２㎝角ポリバリコンのつまみにハンダでつける。

3 別の 1P ターミナルを分解し、そのラグの穴にスパイダーコイルのねじってのばしたエナメル線の先をハンダづけする。

4 **3** の 1P ターミナル本体をⒷの穴に外側からさしこみ、内側から **3** をはめ、ナットでとめる。

5 別の 1P ターミナルを分解し、そのラグの穴にスパイダーコイルの巻き終わりのエナメル線の先と、２本のリード線の先をいっしょにとおして、３つの線をハンダづけする。この２つのリード線のいっぽうは、２㎝角ポリバリコンの端子に、もういっぽうは切りかえスイッチの端子㋐にそれぞれハンダづけする。

6 **5** の 1P ターミル本体をⒸの穴に外側からさしこみ、内側から **5** をはめ、ナットでとめる。

7 検波皿の底につけた棒をⒹの穴に外側からさす。リードをとりつけたタマゴラグを、内側から棒にとおし、ナットでとめながら上へとおしこむ。この棒にあらたなナットをはめこんでから、スパイダーコイルの中心を棒にとおし、別のナットではさむようにとめる。タマゴラグにとりつけたリードのいっぽうは、**5** の切りかえスイッチの端子㋒にハンダづけする。

8 ラグ板の２つの端子にゲルマニウムダイオードをまげてつなげ、それぞれにリード線をとおしてハンダづけする。Ⓗの穴に 1P ターミナルをとりつけ、２つのリード線のうちのいっぽうを、このターミナルのラグにつなぎ、もういっぽうを **5** の切りかえスイッチのまん中㋑の端子につなぐ。

9 検波針の頭のすぐ下にリード線を巻いてハンダづけし、検波アームの先にはさむ。針につけたリード線のいっぽうは、外側から Ⓙ の穴に通し先端にタマゴラグをハンダづけする。

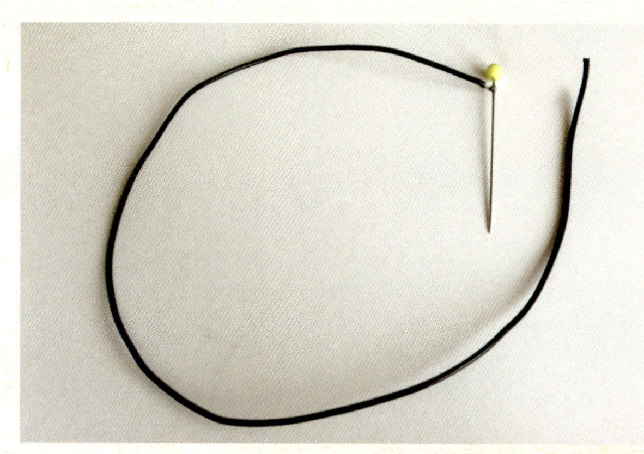

10 **9** のタマゴラグにモクネジをさし、そこに **8** のラグ板のネジ穴をかさね、イメージ図を参考にして箱穴Ⓔの内側から検波アームをとめる。

11 ２㎝角ポリバリコンにポリバリスペーサーをとりつけ、Ⓕの穴の内側から箱の外に出し、外側からつまみ（大）をつける。

12 切りかえスイッチを Ⓘ の穴の内側からさしこみ、外側からつまみ（小）をつける。

13 イヤフォンをⒼとⒽにつなぎ、切りかえスイッチを左に回しダイオード回路に合わせたら、アンテナ（片足プラグ）をまずⒸのアンテナにつないで聞いてみましょう。聞こえなければⒷのアンテナにつなぎなおします。どちらかできこえたら回路製作完成！　次は検波皿に黄鉄鉱や方鉛鉱、ジンカイトの欠片を置きます。切りかえスイッチを右に回し「鉱石回路」に変えて、検波針を石にふれさせ、音が聞こえる位置を探ります。雑音が多い場合はアースを使います。

レジンで大量コピー作り！

鉱物レプリカ

標本を型取りし、いろいろな鉱物レプリカを作ります。天然ではありえない色にしたり、中に入れるアイテムを工夫してみましょう。

用意するもの

- □型取り材
- □紙コップ
- □スプーン
- □つまようじ
- □エポキシ系レジン（A液＋B液）
- □染料（レジン用）
- □量り
- □型を取るための標本（今回は透明な水晶を使用）

※エポキシ系レジンはA液（主液）とB液（硬化液）のセットになっています。また、色をつける場合は、レジン用の染料を買いましょう。少量であればマニキュアでも代用OK。

かん気をしながら作業しよう。

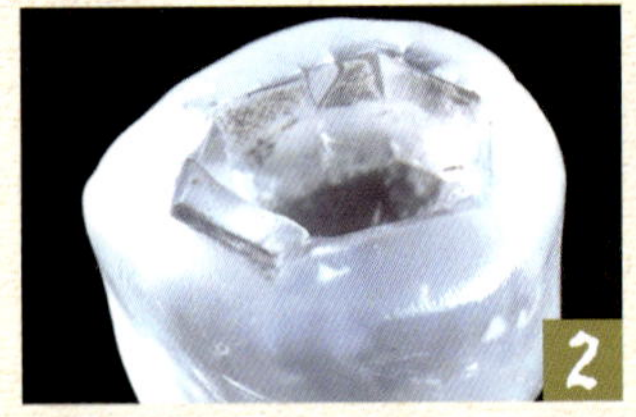

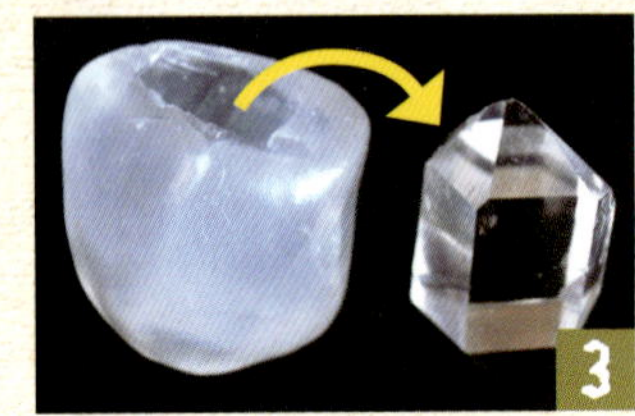

作り方

1 型取り材をお湯で温め、混ぜながらやわらかくし丸める。

2 標本を型取り材で包みまっすぐに立て、固める。

3 固まったら標本を型から外す。

4 レジンをA液：B液＝2：1になるように紙コップで量り、スプーンで混ぜる。混ぜたレジン液を2つに分け、1つに染料を少したらす。

5 透明なレジンを型に注ぎ少し置く。

6 染料を入れたほうにねばり気がでたら、つまようじで空気をつぶしながら上から注ぐ。

7 固まったら取り出し完成。蛍光砂や蛍光するインク（スタンプ用など）を入れても楽しいでしょう。

ブラックライトを当ててみると…

左はブラックライトを当てたところ。右はブラックライトを消した直後です。「蓄光」しているのがよく分かります。

食べられる鉱物レプリカにちょう戦してみよう!

食品用の型取り材でアイスや寒天が作れます。

1 台所用洗ざいでよく洗った標本をしっかりかわかして型取り材に入れる。

2 固まったら標本を型から取る。

3 ジュースや寒天デザートのもとを入れ、固めて完成。

型取り材は、必ず食品用にすること。また、型取り材に入れても安全な鉱物かしっかり確認しましょう。

紙で結晶形を作る

鉱物ペーパークラフト

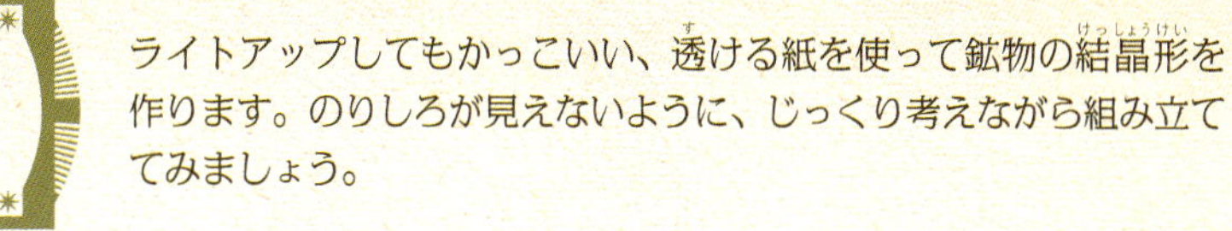

ライトアップしてもかっこいい、透ける紙を使って鉱物の結晶形を作ります。のりしろが見えないように、じっくり考えながら組み立ててみましょう。

用意するもの

- □厚めの トレーシングペーパー
- □ものさし
- □えんぴつ
- □カッター・カッターマット
- □接着ざい

※このページを拡大コピーしてふつう紙で作ることもできます。

作り方

1 右の展開図を半透明のトレーシングペーパーに写す。

2 のりしろの部分と面が同じ形をしているので、どこを重ねるか考えながら組み立てる。

3 完成。今回はトレーシングペーパーで作りましたが、これに色えんぴつや絵の具で色をつけてもいいでしょう。

水晶を作ろう！

この結晶形は水晶特有のものです。

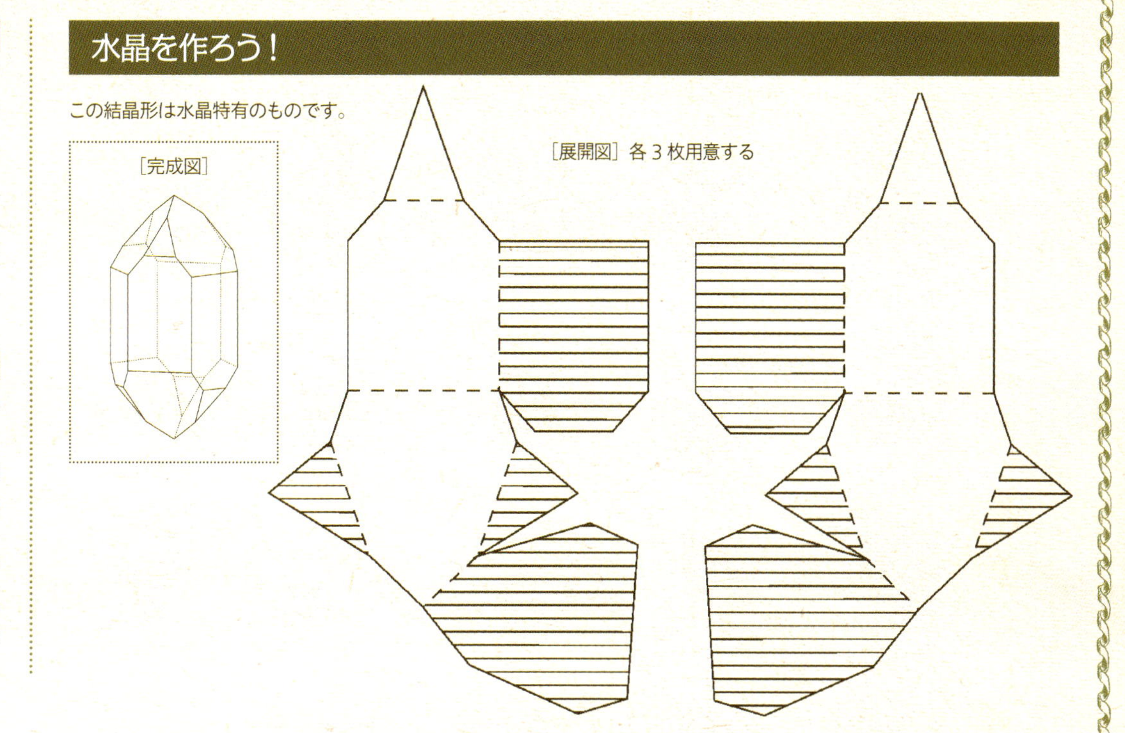

蛍石を作ろう！

蛍石以外にスピネル、磁鉄鉱なども八面体です。

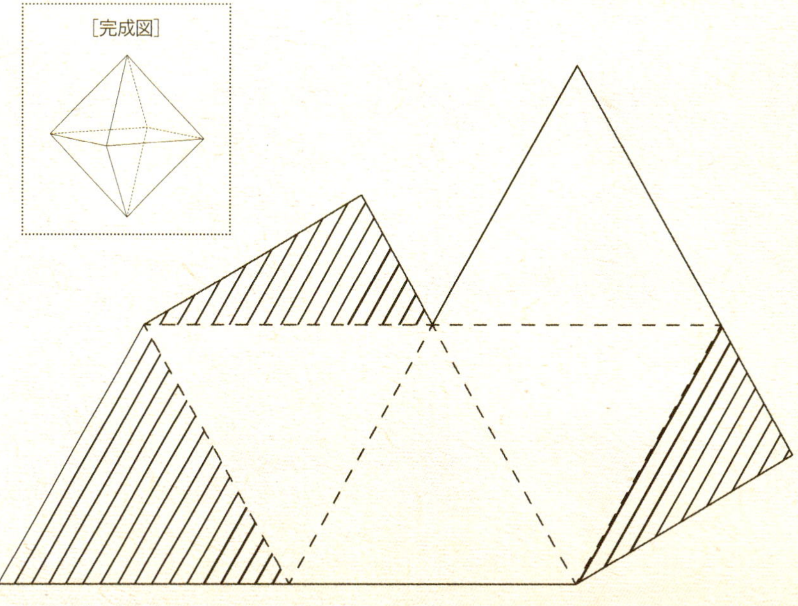

[展開図] 2枚用意する

appendix
おまけ

世界の鉱物産地

天然の鉱物は世界中で採取されています。閉山している鉱山などもありますが、有名な鉱山や採れる鉱物の一部をしょうかいします。

1 グリーンランド
氷晶石

2 カナダ ケベック州
金雲母

3 アメリカ ミズーリ州 スイートウォーター鉱山
方鉛鉱

4 アメリカ ニュージャージー州 フランクリン鉱山
蛍光鉱物

5 アメリカ アーカンソー州
水晶／銀星石

6 コロンビア
エメラルド

7 ペルー
薔薇輝石

8 ボリビア
蛭石／磁鉄鉱

9 アルゼンチン
菱マンガン鉱

10 ブラジル
水晶／藍晶石／石榴石

11 アイスランド
方解石

12 ロシア コラ半島
十字石

13 バルト海
琥珀

14 イギリス ロジャリー鉱山
蛍石

15 イギリス スカイ島
魚眼石

16 ロシア ウラル地方
コランダム／孔雀石／滑石

17 ドイツ
硬石膏

18 スイス
蛍石

19 フランス チェッシー鉱山
藍銅鉱／蛍石

20 スペイン
黄鉄鉱／霰石

21 オーストリア チロル地方
透輝石

22 チェコ
苦礬石榴石

23 イタリア シチリア島
硫黄

24 ハンガリー ゼンプリン鉱山
玉滴石

25 ブルガリア
黄鉄鉱

26 モロッコ
燐灰石／チタン石

27 コンゴ
珪孔雀石／プロシャン銅鉱／孔雀石

28 エチオピア
パール

29 タンザニア
灰簾石／菫青石

30 ボツワナ
ダイヤモンド

31 ナミビア ツメブ鉱山
白鉛鉱／藍銅鉱

32 南アフリカ
サームファスマーク／蛍石

33 マダガスカル
ラブラドライト／天青石／水晶

34 パキスタン
アクアマリン

35 アフガニスタン
リチア輝石／苦礬石榴石／蛍石／アクアマリン／ラピスラズリ

36 ミャンマー
ルビー／サファイア

37 インド
魚眼石／オーケン石／沸石
カバンシ石／ブドウ石

38 中国 四川省
水晶

39 中国 雲南省
異極鉱

40 中国 貴州省
辰砂

41 中国 湖南省
辰砂／蛍石／硫砒鉄鉱

30°
0°
30°
60°
90°
120°
150°
Europa
Asia
Africa
Oceania
11
12
13
14
15
16
17
18
19
20
21
22
23
24
25
26
27
28
29
30
31
32
33
34
35
36
37
38
39
40
41
THE WORLD MAP
90°
120°
150°

用語解説

ここでは、文章中によく出てくる言葉と難しい言葉について、分かりやすく解説します。

あ

[オアシス]
さばくの中で、水がわき、樹木や草が生えている場所。

か

[骸晶]
結晶のりょう（角やふち）が面の部分より早く成長したため、面がへこんだ形になっているもの。

[化学組成式]
鉱物では、その鉱物を構成する原子とその個数を最も簡単な数で表した式。

[可視光]
人間の目で見ることができる波長の光。

[仮晶]
結晶の形はそのままで鉱物の中身は別のものに置きかわったもの。

[還元]
酸素化合物から酸素を除去すること。（⇔酸化）

[気化]
物質が液体から気体になること。

[希産鉱物]
採れる量が極めて少ない鉱物のこと。

[希土類元素]
レア・アースともよばれ、31鉱種あるレアメタルの中の1鉱種。スカンジウム 21Sc、イットリウム 39Y の2元素と、ランタン 57La からルテチウム 71Lu までの15元素（ランタノイド）の計17元素のまとめたよび名。周期表の位置では、第3族のうちアクチノイドを除く第4周期から第6周期までの元素である（→ポスター参照）。

[犬牙状]
犬の牙のような形状。

[群晶]
複数の結晶が集まっている標本。（⇔単結晶、分離結晶）

[結晶水]
鉱物を構成する分子やイオンと結合せず、結晶内にふくまれる水の分子。

[原子]
物質の基本的構成単位で、化学元素としての特性を失わない最小のつぶ。原子核とそれを取り巻く1個または複数個の電子からなる。

[元素]
万物の根源をなす、それ以上分割できない要素。

[国際鉱物学連合]
International Mineralogical Association（IMA）。38か国の団体によって構成されている国際組織で、鉱物学の発展と鉱物名の統一を目的としている。

[光源]
光を発するもと。

[鉱床]
資源として利用できる元素や鉱石、油・天然ガスなどの濃度が高くなった場所。

[固溶体]
2種類以上の元素がたがいに溶け合い、全体が均一になっているもの。2種類以上の元素をふくむ割合が連続して変化したものが存在する場合、連続固溶体という。

さ

[蛇紋岩]
蛇紋石からなる岩石。表面に蛇のような模様が見られることから、蛇紋岩と名づけられた。

[昇華]
物質が固体から液体の状態を経ずに気体になること。

[晶出・晶析・析出]
溶液から溶けていられなくなって結晶として出現すること。

[条線]
結晶面にみられる晶帯に平行な多数の線模様。

[晶帯]
1つの辺がたがいに平行である結晶面の一群。

[晶洞]
岩石の中にある不規則な形状の空洞。

[新産鉱物]
その地域で初めて採れた鉱物。

[新種鉱物]
地球上で初めて発見された鉱物。

[精錬]
不純物の多い金属から純度の高い金属を取り出す過程のこと。

[製錬]
鉱石から金属を取り出す工程のこと。

[石基]
マグマが冷える段階で大きな結晶をつくることができずに細かい結晶やガラス質の固体になった部分。

[閃光]
いっぱん的にはしゅんかん的に発生する激しい光。鉱物では結晶構造によって、ある特定の角度で投えいされる光を反射した光。

[双晶]
2つ以上の同種の単結晶が、ある一定の角度で規則性を持って接合したもの。

た

[多孔質]
孔（穴）がたくさんある物質。

[端成分]
固溶体での極端な化学組成。複数の元素がさまざまな割合でふくまれるとき、そのどれかだけがふくまれているとしたもの。

な

[二次鉱物]
本体の岩石が形成されたあとに、変成作用や変質

作用などで形成された鉱物。

は

[波長]
光は波。ひとつの波から次の波までの長さを波長という。

[斑晶]
斑状組織の火成岩で、つぶの細かい結晶やガラス質の石基の中に散在する大きな結晶。

[フェライト磁石]
鉄の酸化物をふくんだ結晶の集まりでできた磁性材。

[ブラックライト]
人間が見ることができる波長よりも短い波長を発するライトのこと。実際には多少の可視光もふくんでいる。一番多くふくむ波長が380～365nmくらいのものを長波ブラックライト、280nm前後のものを短波ブラックライトという。

[分光]
光を波長によって分けること。

[偏光板]
光はあらゆる方向にしん動している横波で、その中から特定方向の波だけを通過させる板。

[飽和水溶液]
溶質に溶媒を溶かしたとき、もうこれ以上溶けない状態。

[母岩]
鉱物標本において、結晶が育つ台となっている鉱物、岩石。

や

[融点]
物質が固体から液体となる温度。

[流紋岩]
火山岩の一種。マグマの流動時に形成される斑晶の配列などによる流れ模様が見られるため名づけられた。

ら

[ルチル]
正方晶系の鉱物のひとつで、金紅石の英名。ルチルがルビーやサファイヤにふくまれているとスター効果（→P.15、84）を起こす。

[励起状態]
原子が大きなエネルギーを受取り、不安定な状態。

鉱物が買える場所

鉱物は各地で開かれる展示即売会のほか、専門店などで買えます。初めて鉱物を買うときは、できるだけ実際に目で見てさわって決めよう。またショーが開かれる時期や、お店の営業時間はそれぞれ確認してから遊びに行きましょう。

cafeSAYA

東京都北区神谷3-37-1
03-3903-5462
http://kirara-sha.com/

株式会社 東京サイエンス（ショールーム）

東京都新宿区新宿3-17-7 紀伊國屋書店新宿本店1階
「化石・鉱物標本の店」
TEL03-3354-0131（代表）
http://www.tokyo-science.co.jp/

クリスタル ワールド京都本店

京都府京都市中京区三条通河原町西入石橋町14-7
TEL075-257-3814
http://www.crystalworld.jp/

クリスタル ワールド東京営業所

東京都品川区西五反田7-22-17　TOCビル地下1階40号
TEL03-5435-8766
http://www.crystalworld.jp/

プラニー商会

東京都豊島区北大塚2-19-10 シャローム永田201
TEL03－5907－3360
http://www.planey.co.jp/

ホリミネラロジー

東京都練馬区豊玉中4-13-18
TEL03-3993-1418
http://www.hori.co.jp/

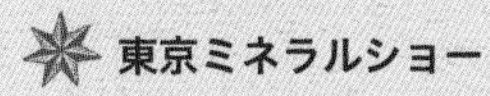

東京ミネラルショー

http://www.tokyomineralshow.com/

東京国際ミネラルフェア

http://www.tima.co.jp/

Profile［著者紹介］

さとう かよこ

小学校教諭、学習塾経営のち、インターネットショップきらら舎、cafeSAYA を運営。ショップでは鉱物標本をはじめオリジナルの理科グッズなどを販売。カフェでは蛍光鉱物観察会や蛍石の八面体劈開、万華鏡づくりなどのワークショップを行っている。著書に『鉱物レシピ 結晶づくりと遊びかた』（グラフィック社）、『鉱物と理科室のぬり絵』（玄光社）がある。

SspecialThanks［協力者］

Araki
ミョウバン結晶育成

cafeSAYA スタッフ縞子
鉱物アクセサリー、ループタイ製作

クリスタルワールド
標本、鉱物・岩石情報提供

KentStudio
標本箱、レインスティック、鉱石ラジオ製作
※ 鉱石ラジオパーツも販売しています。

ささきさとこ
鉱物スケッチ、ペーパークラフト展開図作図

ダブルウエイブ
サヌカイトの音録音

T メーカー
結晶図、雲母構造図などの作図

ティンアロイ
元素金属提供
※ 錫、ビスマスなどの提供、通販もしています。
http://www.tin-alloy.com/

東京サイエンス
標本、鉱物・岩石情報提供

中島真一郎（金山町観光協会副会長）
鉱山探検ページの取材協力

Staff［スタッフ］

デザイン　椿屋事務所
撮影　井上新一郎
挿絵　三村晴子

世界一楽しい **遊べる鉱物図鑑**

2016年11月10日　初版発行
2021年 7 月20日　第5刷発行

印刷・製本　中央精版印刷株式会社
発行者　近藤和弘
発行所　東京書店株式会社
〒113-0034
東京都文京区湯島 3-12-1
ADEX BLDG. 2F
TEL：03（6284）4005
FAX：03（6284）4006
http://www.tokyoshoten.net

Printed in Japan　ISBN　978-4-88574-462-4